MANUEL

DU VIGNERON.

Les formalités voulues par la loi ayant été remplies, tout contrefacteur ou débitant de contrefaçons sera poursuivi suivant la rigueur des lois.

CET OUVRAGE SE TROUVE,

A PARIS,

Chez M⁰. HUZARD, Libraire, rue de l'Eperon, N°. 7.
MM. LECOINTE, Libraire, Quai des Augustins, N°. 49.
PICHON et DIDIER, Libraires, même Quai, N°. 47.

A DIJON,

Victor LAGIER, Libraire, rue Rameau.

De l'Imprimerie de Charles CORNILLAC, à Châtillon-sur-Seine, rue de l'Ile, n° 39.

MANUEL

DU VIGNERON,

CONTENANT

LES PRINCIPES SUR LA CULTURE DE LA VIGNE EN CORDONS, SUR LA
CONDUITE DES TREILLES, ET LA MANIÈRE DE FAIRE LE VIN;

PAR M. CLERC,

LICENCIÉ EN DROIT, A CHATILLON-SUR-SEINE.

Cet ouvrage a mérité à l'Auteur une Médaille et un
Exemplaire du *Théâtre d'Agriculture*, qui lui ont été
remis, en séance publique, par la Société royale et
centrale d'Agriculture de Paris.

SECONDE ÉDITION AUGMENTÉE.

Largo pubescit vinea fetu.
Virg Geor. lib. ii.

CHATILLON-SUR-SEINE,

(CÔTE-D'OR)

CHARLES CORNILLAC, IMPRIMEUR-LIBRAIRE.

1829.

PRINCIPES

SUR LA CULTURE

DE LA VIGNE.

AVANTAGES DE LA VIGNE

ET NOTIONS PRÉLIMINAIRES.

DONNER une méthode fondée en principes, pour la culture de la vigne; faire part des remarques et observations que j'ai faites en étudiant la marche de la nature ; indiquer aussi les procédés qui augmentent la récolte, en diminuant les frais de plantation et d'entretien ; tel est le but que je me suis proposé.

Pour donner au sujet quelque intérêt, je comparerai les diverses températures, les différents modes de culture, je chercherai à

1

connaître les causes qui agissent dans plusieurs circonstances, et j'aurai recours à l'expérience et au raisonnement. Il ne suffit pas d'ordonner ou de condamner sèchement des opérations : je ne conseillerai donc pas ce qui doit être fait à la vigne avec le style d'une ordonnance de médecin ; car le développement est utile pour prescrire ce qui doit être fait à la plante qui a un si grand nombre d'amis. Je m'attacherai à pouvoir être lu et compris par ceux qui n'ont qu'une faible idée de la vigne ; je ferai connaître combien il est utile au vigneron de raisonner; je lui ébaucherai cette tâche, et si je parviens à exciter son émulation, mon travail ne sera pas sans succès , quand même ce serait pour le critiquer.

Pour faire l'éloge de la vigne, je n'emprunterai pas les fleurs de la rhétorique qui ne sont souvent qu'un manteau jeté sur la médiocrité du sujet. Je rappellerai seulement que les anciens ont considéré le produit de la vigne comme tellement utile à la santé et à la prolongation de la vie, que nos pères ont donné au vin distillé le nom d'eau-de-vie ; que les Latins ont appelé le cep *planta-vitis*, plant-de-vie ; que des dénominations équivalentes sont employées dans beaucoup d'autres langues, pour exprimer le nom de la plante, ou celui de son produit ; et je dirai que c'est à juste titre que le vin est appelé le lien de la société, le miroir de l'âme, l'ami de la vérité, le médiateur des réconciliations, le soutien du corps et de l'esprit.

La vigne n'est pas une plante de nos contrées, elle a été apportée de l'Asie en Italie, et de là dans les Gaules, à une époque extrêmement reculée qu'on ne peut préciser. Dès le temps de la conquête de ce pays par Jules-César, la vigne y était cultivée, et il paraît que cette culture était déjà ancienne dans la partie qui forme le midi de la France actuelle.

L'histoire nous apprend que, l'an 92 de l'ère chrétienne, l'infâme Domitien fit, par esprit de jalousie, arracher toutes les vignes des Gaules, et que cette action le fit surnommer *le bouc*, animal qui porte le plus de dégât à la vigne. La prohibition de cette plante dura près de deux siècles ; ce ne fut qu'en 282 que le bienfaisant Probus, qui protégeait toutes les parties de l'agriculture, encouragea spécialement la culture de la vigne. Cette culture a encore été contrariée en 1566 et en 1731.

. Avant que la vigne fût dans les Gaules, et
tandis qu'elle y était encore peu cultivée, le
vin d'Italie a souvent déterminé nos aïeux à
franchir les Alpes. Les troupes gauloises
témoignaient leur contentement toutes les
fois qu'il s'agissait de se porter en Italie.

L'importance de l'agriculture n'a pas besoin
d'être démontrée ; on sait qu'elle donne la
nourriture et le vêtement, qu'elle vivifie tout,
et qu'elle est une source inépuisable de bienfaits.

On voit avec peine que la culture de la vigne
n'est guère plus connue que si cette culture
était d'une date récente. Un reproche pourrait
être fait au gouvernement français : celui de
ne pas étendre suffisamment ses soins pater-
nels sur l'agriculture. Puisqu'il est reconnu
que l'agriculture est la principale richesse de
la France, elle doit principalement occuper
le gouvernement. Dans ce pays où les arts de
simple agrément sont professés par principes,
l'agriculture ne peut rester plus long-temps
sous la direction de la triste routine.

Si pendant long-temps l'agriculture a fait
peu de progrès parmi nous, c'est que, ne
jouissant pas alors de la juste considération

qui lui est due, les hommes instruits et ceux dans l'aisance s'en sont éloignés. L'agriculture exige de ceux qui veulent la suivre deux conditions, qui sont : l'intelligence et une aisance proportionnée aux avances qu'ils doivent faire. C'est ainsi que les choses devraient être; mais il en est tout autrement : car les uns ne raisonnent pas et n'agissent que par habitude, et les autres sont sans cesse tourmentés par des besoins pressants. Telles sont les principales causes de son peu d'amélioration. On peut juger de l'aisance d'un pays par l'état de sa culture.

Sous ce rapport, l'avenir est plus riant que le passé. La France est essentiellement agricole, son sol est son premier trésor : cette vérité généralement sentie de nos jours a fait accorder à l'agriculture une partie de la considération qui lui est due. Un grand nombre de citoyens instruits et hors du besoin se sont attachés à la culture ; ils raisonnent leurs procédés, travaillent plus à améliorer qu'à s'agrandir, et augmentent les ressources publiques. La rentrée de nos troupes nous a procuré beaucoup de ces agriculteurs estimables qui ont apporté de l'étranger des procédés utiles.

Au lieu de s'abandonner à la stérile routine, on doit étudier la marche de la nature : ce n'est que de cette manière que l'on fera des progrès dans la science de l'agriculture. Si l'on a peu découvert, et s'il reste tant à découvrir, c'est que la nature travaille dans le secret, et nous cache sa manière d'opérer. Celui qui veut observer ne trouve d'abord qu'obscurité ; mais, aux yeux de l'homme attentif et persévérant, cette obscurité diminue, il entrevoit et fait quelques légers larcins.

Dans les premiers temps, la culture n'embrassait qu'un petit nombre de plantes, celles seulement qui fixaient l'attention par leur plus grande importance, et toutes les autres étaient abandonnées au seul soin de la nature, comme beaucoup de plantes le sont encore. Le nombre des plantes cultivées s'est accru graduellement, en suivant à peu près l'ordre de leur utilité. Si donc l'ancienneté de la culture d'une plante fait juger de son degré d'utilité, nous devons mettre la vigne au premier rang des végétaux utiles ; car nous savons qu'aussitôt que les eaux qui couvrirent la terre furent retirées, la vigne fut plantée par le patriarche qui survécut à ce bouleversement.

Malgré l'ancienneté de cette culture, elle n'est pas encore bien connue. Je me garderai bien de dire que j'ai découvert tout ce qui convient à la vigne pour rendre sa culture parfaite, ce qui serait une prétention chimérique ; je dirai seulement que j'ai fait des remarques utiles qui conduisent à l'amélioration de sa culture.

Je ne m'occuperai donc que d'une branche de l'agriculture, et ne parlerai que de la vigne. Cette culture mérite d'autant plus la faveur du gouvernement français, que le vin est un objet de commerce avec l'etranger, et fait rentrer une partie de ce capital que nos besoins imaginaires et notre luxe font sortir du territoire. Il faut que le prix de l'importation soit au moins couvert par le produit de l'exportation ; autrement le gouvernement verrait tous les jours diminuer son numéraire, en achetant beaucoup de l'étranger et lui vendant peu.

Né Champenois, puis devenu Bourguignon par l'habitation, la vigne ne m'est pas indifférente. Surveillant les travaux des vignes pendant l'année 1800, je conçus alors une forte idée que la vigne n'était pas traitée comme elle le demandait. Cette idée n'était pas claire, elle était confuse et mêlée d'obscurité ; voilà ce qui m'a porté à étudier la vigne, et j'ai toujours trouvé un nouvel attrait dans cette étude, depuis plus de vingt-huit ans.

Voulant faire suivre à mon vigneron ma manière de cultiver, je lui avais remis des notes. Plusieurs personnes ayant trouvé ces notes trop laconiques, j'ai fait ce traité élémentaire.

Le mot *cordon*, en parlant de la vigne, n'est pas nouveau : les uns l'emploient pour exprimer une ligne ou suite de plants, sans égard à leur forme et à leur culture ; les autres le donnent à chacune des branches principales d'un plant en éventail. J'emploie le mot *cordon* sous une acception un peu différente : je l'ai conservé ou emprunté pour l'appliquer à l'espèce de corde que représentent deux branches horisontales de chaque plant nouvellement taillé. Manquant de mots pour exprimer quelques parties du plant tel que je le dirige et le taille (Voyez fig. 1ᵉ.), je leur ai donné les noms qui m'ont paru convenir.

Ce que j'indique consiste principalement à mettre les plants en ligne droite, à les espacer, à donner une direction horizontale à deux membres du cep, et surtout à remplacer le vieux bois par une jeune pousse ; ce qui fait l'objet de la taille. C'est une longue pratique personnelle, raisonnée et basée sur la théorie, qui m'a procuré ce mode avantageux. C'est là où je l'ai trouvé ; je ne l'ai vu ni appris autrement.

Je sais qu'on doit être en garde contre les innovations, et qu'ordinairement elles ne doivent être regardées comme bonnes qu'après l'expérience. Ceux qui ne l'ont pas, pour le mode que j'indique, peuvent se la procurer sans frais ; il leur suffit d'essayer la taille que j'indiquerai sur quelques plants d'une vigne ordinaire. Quoique cette expérience ne soit pas complète, elle sera suffisante. Ma manière de conduire la vigne a d'abord excité le mépris et la risée de nos vignerons ; maintenant et depuis long-temps, elle fait leur étonnement et leur admiration.

Encouragé par la Société Royale et Centrale d'Agriculture à continuer l'étude de la culture de la vigne, je ne pouvais le faire sous de meilleurs auspices. Si ce nouveau travail, qui est une ampliation à la première édition, obtient un peu de succès, il sera dû à cette Société distinguée, et à M. François-de-Neuf-château, l'un de ses présidents, auteur de plusieurs ouvrages très-estimés.

DE LA PLANTATION.

Dans les pays où la gelée est à craindre pour la vigne, on choisit les coteaux exposés au soleil pour la planter. La position la plus avantageuse est lorsque la pièce est inclinée au sud-est, c'est-à-dire entre le midi et le levant.

La terre qui est nourrissante, un peu pierreuse, médiocrement meuble, non humide par elle-même, convient à la vigne.

On est trompé dans son attente, lorsqu'on plante des coteaux dont le terrain n'a pas assez de profondeur ; dans ce cas, la vigne exige de fréquentes surcharges de terre qui absorbent le produit.

Les sommets des coteaux sont trop exposés aux vents. Le fond des vallées et les plaines peuvent être bonnes pour la production du bois de la vigne ; mais le raisin n'y mûrit pas aussi bien que dans les coteaux. La différence vient de ce que les rayons du soleil sont portés plus obliquement sur la plaine que sur le coteau, et que par conséquent l'ombre est plus grande dans un endroit que dans l'autre. Les pentes des coteaux conviennent à la vigne: *Bacchus amat colles.*

La vigne se plante lorsque le bois est mûr, c'est-à-dire sur la fin d'octobre, ou en novembre. On peut aussi planter après l'hiver; mais il est préférable de le faire avant, parce que les pluies fixent la terre autour des racines, et que les jeunes plants sont plus disposés à recevoir l'accroissement que doit donner le printemps. Quoique la végétation paraisse être dans le repos pendant l'hiver, les plantes ne sont cependant pas dans un engourdissement total pendant cette saison. Ce qui prouve que la végétation se fait même pendant l'hiver, c'est qu'une bouture de groseiller, plantée au commencement de l'hiver, a déjà de petites racines avant la fin de cette saison.

La plantation de la vigne en cordons se fait en lignes droites. Entre deux rangées ou cordons, on voit d'un bout à l'autre de la pièce. Les lignes se tirent de bas en haut du coteau, s'il n'a qu'une rapidité ordinaire, et autant que possible du midi au nord. Lorsque le coteau a beaucoup de rapidité, au lieu de diriger les cordons en montant, on les met au-dessus les uns des autres, en forme de gradins. Cette manière offre l'avantage d'éviter l'inclinaison des mères-branches , dont il sera ci-après parlé, et de donner plus de soleil aux cordons.

La distance d'un plant à un autre, sur la même ligne, est de sept pieds pour les espèces qui poussent un long bois, et de six pieds pour celles qui en donnent moins.

La distance d'un cordon à un autre est de dix-huit pouces.

Je suppose qu'on adopte six pieds entre chaque plant sur la même ligne, et dix-huit pouces entre chaque rangée; dans ce cas, l'on trace sur le terrain, à l'aide d'un long cordeau et d'une pioche, des lignes parallèles distantes entre elles de dix-huit pouces.

Ces lignes tracées, l'on fait des lignes transversales de trois pieds de distance entre elles.

Les sections ou coupures des lignes indiquent où les plants doivent être placés. Il est vrai qu'il y a des sections dans lesquelles on ne plante pas; mais il est facile de les reconnaître.

Quatre plants doivent former les quatre angles d'un losange.

On fait les fosses d'un pied de largeur, de deux pieds de longueur, et d'un pied et demi de profondeur. En plantant, on ne remet pas dans les fosses la terre qui en est sortie; il faut en prendre çà et là à la superficie, parce qu'elle est météorisée, et par conséquent plus propre à la nourriture du plant que celle provenant des fosses. La terre végétale, ou l'humus, occupe la surface du terrain, et n'a pas ordinairement beaucoup de profondeur. Si les fosses ont été creusées quelques mois avant la plantation, elles seront plus propres à recevoir le plant. On ne remplit pas les fosses entièrement, afin que le jeune plant profite davantage des pluies et des sels qui se trouvent plus abondamment à la superficie de la terre. Les fosses ne se remplissent complètement que quand le plant est bien enraciné.

Ce n'est pas assez de planter, on doit s'attacher plus à la qualité du plant qu'à sa grande production, surtout dans les pays dont le vin est en réputation : c'est faire tort à ses compatriotes que de mettre en vente du vin d'une qualité inférieure au leur. Philippe-le-Hardi, duc de Bourgogne, rendit à Dijon, en 1395, une ordonnance qui porte : « Apprenant que

dans la côte où croît le meilleur vin du royau-
me, dont Notre Saint Père le Pape, Monsieur
le Roi, et plusieurs autres grands Seigneurs
ont coutume, par préférence, de faire leur
provision, on avait, depuis peu, emplanté du
gamais, mauvais plant, ce qu'a maintes fois
déçu et fraudé les marchands étrangers, dont
ses sujets sont moult dommagés et appau-
vris, ordonne que le *déloyal gamais* soit copé
et extirpé dans un mois, sous peine à chacun
de 60 sols d'amende. »

Il est facile de voir que le but de cette
ordonnance était de ne pas laisser appauvrir
le vin de Bourgogne, et de lui conserver sa
réputation justement méritée.

On est dans l'habitude de planter beaucoup
d'espèces de plants, afin, dit-on, de récolter
plus sûrement. Cette manière est vicieuse, en
ce que des espèces sont en maturité tandis que
d'autres n'y sont pas. Il y a encore d'autres
vices contraires à la qualité et à la quantité ;
ce qu'on verra à l'article de l'*ébourgeonne-*
ment. En plantant, il faut faire choix d'un
bon plant, et s'en tenir à celui-là, autant qu'il
est possible.

Dans beaucoup de pays, on ne plante la

vigne qu'avec des marcottes ou chevelées. Les vignerons couchent en terre des brins de vigne, et lorsqu'ils ont pris le chevelu, ils les détachent de la souche, et les vendent à ceux qui veulent planter. On porte préjudice à la vigne en faisant des marcottes, tant parce qu'elles se font avec les plus beaux brins, que parce qu'elles prennent racine au détriment de la souche. Le propriétaire doit surveiller le vigneron pour empêcher ce dégât, et la venté en détail de sa vigne.

Il y a un moyen très-simple pour élever des plants sans porter préjudice à la mère-vigne. On met en pépinière des chapons, ou brins de sarment, dans une bonne terre qui a de la fraîcheur, et, lorsqu'ils ont pris racine, on les transplante. Le chapon se fait avec le bois de la dernière pousse et un peu de la précédente, c'est-à-dire d'environ un pouce. Avant de mettre les chapons en pépinière, on en fait de petits paquets que l'on met tremper debout dans l'eau, pendant trois ou quatre jours. C'est surtout à la jonction ou suture des deux pousses que les racines prennent naissance. Le chapon est ordinairement bon à planter après deux années de pépinière.

On peut aussi planter une vigne avec des chapons. Dans ce cas on met deux chapons ensemble, et s'ils reprennent tous les deux, on ne conserve que le meilleur. Pour planter des chapons dans un terrain difficile à creuser, on se sert quelquefois d'un barreau de fer pointu que l'on enfonce à coups de marteau.

Pour planter la vigne, on doit préférer le plant qui a des racines à celui qui n'en a point, parce que l'on jouit plus tôt. Il faut aussi remarquer que la culture des chapons épars dans la vigne est plus coûteuse que lorsqu'ils sont en pépinière. Les plants qui poussent un long bois sont préférables à ceux qui en donnent peu, pour faire une vigne en cordons.

Pépinières.

On peut dire, par observation, que l'avantage des pépinières n'est pas assez connu, au moins dans nos contrées. Ceux qui veulent faire un bois emploient un mauvais procédé, en semant du gland ou autres graines sur le terrain qu'ils destinent à être en bois. J'ai toujours vu leur attente trompée : ou les graines sont mangées en terre, ou le sol n'est

3

pas assez fertile pour lancer le germe; et souvent les mauvaises herbes cachent et étouffent les plants que l'on ne peut cultiver, sans les couper. Il faut semer les graines d'arbres, en pépinière, pour avoir du plant. On transplante en lignes droites, à une distance convenable, dans un terrain bien préparé, et, par la suite, on cultive les plants avec la pioche. Pour la vigne, il faut abandonner le mauvais usage de faire des chevelées; on doit mettre le sarment en pépinière.

Il y a deux manières de mettre le plant en terre. Les uns le plantent sans inclinaison, les autres en couchent une partie au fond de la petite fosse, et élèvent la tête, en formant un angle obtus. La plantation courbée a plus d'avantage que celle droite, parce que, le cep étant en partie couché, la souche est garnie de racines sur une plus grande longueur.

Le meilleur plant de vigne est peut-être celui qui provient des pépins que l'on sème : ce plant se régénère, et il peut retrouver les qualités que les filiations, par boutures, lui auraient fait perdre.

J'ai pris les pépins d'un raisin chasselas blanc, et je les ai semés seuls. Les plants, venus de semence, ont été très-long-temps sans donner de fruits ; après quoi, il s'est trouvé des plants qui ont produit des raisins blancs, d'autres des raisins noirs, et une variété de goûts. Cette variété de couleur ne se trouve pas seulement dans la vigne, elle se rencontre dans la semence d'un œillet et dans celle de plusieurs autres fleurs. Quand la vigne de semence est greffée, elle produit beaucoup plus tôt. Je me propose de continuer des expériences sur la vigne de semence.

La vigne peut encore se reproduire d'une autre manière que celles ci-devant indiquées. Ce serait une erreur de croire qu'une racine sans tige ne peut produire un arbrisseau ou un arbre. J'ai planté une racine de vigne qui m'a produit un très-beau plant. Une portion de haie, plantée avec des racines sans tiges, est devenue beaucoup plus belle que le surplus. Les racines de moyenne grosseur sont les meilleures à planter ; on ne leur donne que deux ou trois pouces hors de terre.

Il faut avoir soin de la vigne en général, et notamment d'une jeune plante. Rien ne convient mieux à la végétation que le mélange des terres : c'est une amélioration qui n'est pas assez en usage. Par le mélange des terres, on augmente la quantité des sels qui se trouvaient déjà dans le terrain qu'on veut améliorer, et souvent on en apporte qui ne s'y trouvaient pas. C'est un levain qui excite une espèce de fermentation dans les sels qui se combinent entre'eux. Il y a beaucoup de variation dans les terrains; tel sel qui abonde dans un endroit ne se trouve pas dans un autre. Ceci nous explique pourquoi un terrain très-propre à quelques plantes se trouve stérile pour beaucoup d'autres. Les animaux ne prennent pas tous la même nourriture, il en est de même des plantes.

La chimie, qui est infatigable dans ses recherches, fera distinguer à nos neveux les différents sucs nourriciers que comporte un terrain, et leur apprendra aussi quelle nourriture convient à chaque classe de plantes. C'est un trésor dont on ne jouira pas de sitôt, à moins que le gouvernement n'en facilite et hâte le décombrement.

Les racines ne sont pas seules chargées de procurer la nourriture aux plantes; la nature a confié aux feuilles une grande partie de ce soin. Tandis que les racines sucent les sels de la terre, les feuilles aspirent les fluides de l'air. La qualité du vin tient essentiellement à la nourriture du plant.

Chaque espèce de plants produit un vin différent. D'après les naturalistes, cette différence vient de ce que chaque espèce a une organisation intérieure qui lui est particulière; ce qui fait que la sève n'est pas également distillée et épurée. La sève de la vigne ne coule pas seulement entre l'écorce et le bois, elle coule encore dans les canaux dont le bois est percé. Ces canaux sont visibles à l'œil sans le secours d'aucun verre, et l'on voit au temps de la sève les sources en sortir. Celui qui plante doit être attentif à faire choix de plants qui procurent un vin bon et solide. Je suis porté à croire que, dans les plants de bons vins, les conduits de la sève sont très-étroits, ou disposés de manière à ne laisser passage qu'à la partie la plus pure; qu'au contraire, dans les plants de mauvaise qualité, les tuyaux ont une large ouverture qui laisse passer, avec les principes subtils, les sucs grossiers. Cela ne peut guère se connaître à l'inspection.

A l'égard de la plantation dont nous venons de nous entretenir, on dira peut-être que l'espace de six ou sept pieds entre deux plants est beaucoup trop grand. Je démontrerai que cette distance est celle qui convient, et j'établirai que ce n'est pas la multiplicité des plants, dans une vigne, qui rend les récoltes abondantes. Un ancien vigneron, qui occupait son fils à une nouvelle plantation, lui faisait observer qu'il ne laissait pas assez d'espace entre les plants. Pour rendre la leçon plus sensible, cet homme de bon sens dit : « Je compare ma pièce de vigne à une table. Si, sur une table, il ne se trouve de la nourriture que pour suffire à six personnes, et qu'on y en place douze, chacune d'elles n'aura que la moitié du nécessaire. — Je conçois, dit le fils : les plants de vigne sont des convives dont le nombre doit être proportionné à la nourriture que le sol peut donner. »

La vigne se trouvant plantée, parcourons la manière de la diriger, en distinguant nettement chacune des parties du cep.

~~~~~~

DES DIFFÉRENTES PARTIES DU CEP.

On conserve dans le jeune cep deux branches placées à la hauteur de huit à neuf pouces de terre, et l'on coupe le bois qui peut se trouver au dedans de la fourche. Ces deux brins seront les mères-branches que l'on attache et maintient horizontalement à un pied au-dessus du terrain. Le cep forme alors une espèce de T, les branches se dirigeant, l'une à droite et l'autre à gauche, sur la même ligne. Les branches des ceps voisins vont à la rencontre les uns des autres, jusqu'au point où elles se touchent.

La vigne ainsi dirigée est appelée *vigne en cordons*, parce que les branches horizontales forment une espèce de cordon lors de la taille.

Sur les deux branches horizontales ou mères-branches, on laisse croître d'autres branches en quantité suffisante. Ces nouvelles branches ont naturellement une direction verticale, et présentent un angle droit avec

la branche horizontale qui forme le cordon.
La distance d'une petite branche montante à
une autre est d'environ six pouces.

Pour plus d'intelligence nous allons distinguer les différentes parties du cep par des
noms propres. (Voyez fig. 1°.)

La tige se nomme *souche*.

Les deux grandes branches horizontales
qui forment le cordon sont appelées *mères-
branches*.

Les pousses que l'on conserve sur les mères-
branches ou cordons sont appelées *souchets*.
Le mot souchet est un diminutif de souche.

Les brins venus sur les souchets s'appellent
pousses de souchets.

On appelle *remplaçant*, une pousse choisie
pour rajeunir la mère-branche.

Le bois de l'année venu au bout d'une
mère-branche s'appelle *allonge*.

On donne le nom de *gourmand* au jeune
rejet poussé sur le vieux bois.

Le rejet poussé sur le bois neuf se nomme
arrière-pousse.

On appelle *vrilles*, les crochets qui, par des
des circonvolutions, attachent la vigne à ce
qui l'avoisine.

La figure première parlera aux yeux, et achèvera de faire distinguer parfaitement les différentes parties d'un cep.

Il est facile de distinguer le bois des deux ou trois dernières années, celui de chacune est marqué par des nœuds.

La vigne a ordinairement deux yeux ou boutons, près l'un de l'autre, qui ne sont pas de la même grosseur : le plus gros, que l'on nomme *bourgeon*, pousse en bois et en raisins quelques jours et même une ou deux semaines avant que le petit bouton se développe. Le petit bouton, appelé *contre-bourgeon*, est moins fructueux que le bourgeon. Le bourgeon et le contre-bourgeon ne poussant pas en même temps ; le premier est quelquefois gelé sans que le second éprouve cet accident. Quelquefois il n'y a qu'un bouton au lieu de deux.

Nous avons dit que le cordon doit être élevé d'un pied : cette mesure n'est pas arbitraire, elle a été soumise à l'examen des avantages et des inconvénients qui ont été balancés.

Si le cordon était plus élevé, l'ombre serait portée plus loin ; les émanations ou évaporations de la terre seraient en grande partie perdues pour le fruit auquel leur influence

4

est si nécessaire; le raisin ne recevrait qu'une portion de la chaleur du soleil, et le surplus serait en pure perte. En effet, l'objet qui est près de la terre reçoit le soleil deux fois : la première d'une manière directe, et la seconde par la réverbération ou réflexion, qui est le renvoi que fait la terre des rayons qui la frappent. Plus le raisin serait éloigné de terre, plus il serait privé de cette bienfaisante réflexion. C'est pour obtenir une plus forte réverbération que l'on a coutume de planter la vigne dans les coteaux, plutôt que dans les plaines. La réflexion est d'autant plus grande que l'angle de répulsion est moins ouvert.

Si l'élévation du cordon était moindre d'un pied, l'humidité de la terre rendrait les gelées du printemps plus à craindre ; le vigneron ne pourrait labourer sous les cordons ; les pluies feraient jaillir la boue sur le raisin qui deviendrait sujet à la pourriture ; les mauvaises herbes porteraient un plus grand préjudice ; l'air qui est indispensable aux plants et aux fruits ne circulerait pas suffisamment sur la ...... C'est donc après avoir balancé les ...... ges et les inconvénients que nous disons ...... ordon doit être à un pied du terrain, ... as ordinaires.

La culture d'aucune plante n'est aussi variée
que celle de la vigne : chaque vignoble a sa
méthode appropriée aux circonstances locales. Dans les climats chauds , comme en Italie,
la vigne est élevée et s'entrelace dans les
branches d'arbres plantés pour la recevoir.
Son élévation est pour éviter la chaleur de la
terre qui brûlerait le raisin.

Dans les pays tempérés, la vigne doit être
basse, afin que la chaleur de la terre fasse
mûrir le fruit. Les arbres causent dans nos
vignes un très-grand préjudice, et l'on ne peut
trop recommander de les en éloigner. Cette
vérité est sentie par tous les propriétaires ;
mais l'habitude a tant de force qu'elle fait
planter des arbres dans toutes les parties de la
vigne, au lieu d'assigner un endroit pour eux
seulement.

Le gouvernement anglais a fait de grandes
tentatives pour établir la culture de la vigne
sur son sol, afin de n'être plus tributaire des
pays qui procurent le vin. Dans cette île qui est
presque toujours couverte de nuages, et qui
ne jouit que rarement des bienfaits du soleil,
on n'a pu obtenir la maturité du raisin. Cette
température, contraire à la prospérité de la

vigne, en a fait abandonner la culture en grandes pièces ; il y a seulement quelques treilles contre des murs.

La vigne, cette plante rampante, du soin de laquelle nous nous occupons, doit être regardée comme un présent fait aux hommes pour les fortifier, et pour aider aux fonctions du corps et de l'esprit. Le vin a la propriété de rendre l'homme gai et content ; mais l'abus porte aux plus grands excès.

Les Lacédémoniens faisaient enivrer leurs esclaves pour prémunir leurs enfants contre l'abus du vin.

Le vin produit deux effets qui paraissent tout-à-fait opposés, celui d'augmenter et celui de diminuer les forces qu'avait le buveur avant de boire. Cela se conçoit, si l'on fait attention que le vin opère sur le buveur, comme le soufflet agit sur le charbon. Le soufflet augmente l'ardeur du feu ; mais lorsque le charbon est parvenu à avoir toute la chaleur dont il est susceptible, alors chaque coup de soufflet fait diminuer la partie rouge, et le feu s'éteint.

Le Créateur a posé partout des bornes que la faible puissance de l'homme ne peut dépasser ;

arrivé là, il faut rétrograder. Le vin n'opère pas seulement sur le physique, il agit encore sur le moral, auquel il donne diverses situations. Pour distinguer une des phrases du buveur, un poète dit dans une chanson bachique: *L'esprit vient quand la raison s'enva.*

Nous avons appris à connaître les différentes parties du cep ; cette connaissance rendra plus facile l'opération importante de la taille dont nous allons nous occuper.

DE LA TAILLE.

CETTE opération est tellement essentielle, que de la taille dépend la récolte, qui est plus ou moins abondante selon que l'on a bien ou mal opéré. L'étude de la taille doit en précéder la pratique : ce que l'on conçoit devient d'une exécution facile.

Celui qui taille la vigne ne peut se gouverner par la distinction des branches à bois et branches à fruits; car dans la vigne la branche à bois est aussi branche à fruits. On ne distingue pas davantage les boutons à fruits des boutons à bois, puisque tous les yeux ou boutons annoncent du bois seulement. La pomme, la poire et beaucoup d'autres fruits sont annoncés, une ou deux années d'avance, par des boutons à fleurs; mais l'apparition du raisin n'est précédée d'aucun signe précis. Lors de la taille, le bois qui doit porter le raisin ne paraît pas encore; le fruit croît et se développe en même temps que la branche à laquelle il est attaché. Il y a souvent du jeune bois sans raisins ; mais il n'y a jamais de raisins que sur le jeune bois. Non-seulement il faut une jeune pousse pour produire du raisin, il faut encore que cette jeune pousse prenne naissance sur le bois de l'année précédente. Si lors de la taille on enlevait tout le jeune bois, il en résulterait que le cep ne pourrait pousser que des branches gourmandes qui ne donneraient pas de fruits. Je ne prétends pas dire que jamais le gourmand n'a produit ; mais il donne si rarement que sa non-production est de règle générale.

Voyons maintenant quelles sont les règles de la taille ; je vais les simplifier autant que possible.

Le mot taille a deux acceptions : il est employé pour signifier l'enlèvement du bois superflu ; et l'on nomme aussi taille, la partie de jeune bois qu'on laisse pour produire la pousse à venir. D'après ce que nous avons dit, ce n'est que sur le dernier bois poussé que l'on peut établir la taille qui doit donner le fruit. Tous les brins de la dernière croissance ne peuvent être conservés, il faut donc y faire un choix, pour asseoir la taille. Pour ce choix nous nous contenterons de faire deux distinctions seulement, et tous les brins quelconques du jeune bois seront rangés sous deux dénominations : celle de *franc* et celle de *gourmand*. Nous appelons franc le dernier brin qui a pris naissance sur le bois de l'année précédente. Le gourmand est le brin de l'année qui est sorti directement d'un bois plus âgé que celui de l'année dernière. On appelle gourmand au premier degré, celui qui est produit par le bois de deux ans ; au deuxième degré, quand il est sorti du bois de trois ans, etc. Pour peu que l'on connaisse la vigne, il est facile de distinguer les bois des dernières années ; les différents âges sont marqués par des nœuds et par les couleurs de l'écorce.

Jamais le vigneron ne doit faire une taille sans s'être rendu compte si le brin qu'il veut conserver est franc ou gourmand : cette attention est essentielle. Les autres qualités de la branche à conserver sont la maturité, le placement, la grosseur, les boutons saillants et rapprochés. Le gros bois neuf est préférable au petit pour y asseoir la taille ; il n'y a que le placement qui peut faire donner la préférence au petit bois. Il est vrai que le petit bois dans la plupart des arbres est celui qui donne le fruit ; mais la vigne ne doit pas être rangée dans cette cathégorie , parce que dans les arbres les boutons existent avant la taille , et que dans la vigne le raisin ne vient qu'avec le bois qui succède à la taille , et tous les deux ensemble. Dans la taille de la vigne, on ne doit chercher à avoir que des branches à bois qui sont en même temps branches à fruits.

Les vignerons font la coupure de la branche immédiatement au-dessus du bouton conservé, sans laisser d'intervalle. J'observe que cette coupure a deux grands inconvé-nients qu'il est facile d'éviter : 1°, les larmes de la vigne noient très-souvent le bouton : 2°, la moelle qui est sous le bouton est trop frappée par l'air , la pluie, le froid, le chaud ; ce qui est une nouvelle cause de la perte du bouton.

Pour éviter ces deux inconvénients, je ne coupe pas immédiatement au-dessus du bou-ton ; je lui laisse toute la moelle et tout le bois entre lui et le premier bouton supérieur, ou je fais la coupure de la branche. Je pense que ceux qui réfléchiront au danger de couper près du bouton conservé s'en abstiendront. La partie au-dessus du bouton meurt , parce

5

que la sève qui ne peut en tirer aucun parti l'abandonne.

L'ordre demanderait peut-être que l'on commençât par appliquer la taille à une jeune plante ; cependant nous nous occuperons d'abord de la taille de la vigne en produit, attendu que ce qui précède la concerne plus particulièrement.

Taille du Souchet.

La pousse de l'année sur le souchet se taille à un ou deux boutons. On ne laisse qu'une taille sur un souchet. Le souchet ne doit durer qu'une année ou deux au plus.

Taille du Remplaçant.

Cette jeune branche est ainsi appelée, parce qu'on la couche et lie sur la mère-branche, après en avoir enlevé tous les brins qui se trouvent dans l'endroit qui lui est préparé pour les remplacer.

Dans la figure première, le remplaçant est taillé pour aller à l'alonge seulement. Dans ce cas, on laisse de l'alonge ce qui convient pour atteindre le plant voisin.

Si le plant voisin peut atteindre le remplaçant, alors la mère-branche se coupe, et le
remplaçant lui est substitué, pour être à son
tour mère-branche.

Taille du Gourmand.

Ce brin est appelé *gourmand* ou *parasite*,
parce qu'il prend sa nourriture sans donner
de fruit. La branche gourmande ne doit être
conservée que dans deux cas : quand son
absence produirait un trop grand vide, et
quand il est placé près des racines d'un cep
qui a besoin d'être renouvelé en entier. Le
gourmand se taille à un œil seulement.

Taille de l'Alonge.

Elle se taille plus ou moins longue suivant
le besoin. On peut donner à une alonge
quatre ou cinq pieds de longueur, lorsque le
bois est bien nourri. L'alonge devant ordinairement remplacer une partie du cep voisin,
on lui donne une longueur égale à celle que
l'on veut retrancher dans l'autre cep. On ne
double pas les cordons ; une alonge ne doit
pas dépasser le plant voisin.

De l'Arrière-Pousse.

Le petit brin, venu latéralement sur le dernier bois, doit être enlevé comme impropre à une bonne génération. C'est sur les arrière-pousses qu'on trouve les petits raisins appelés *verjus*. Ces raisins sont tardifs, parce que le bois qui les produit est venu postérieurement à l'autre. Il y a encore un autre verjus qui n'est pas produit par l'arrière-pousse; il est placé plus haut que le véritable raisin, sur la même branche. Les verjus deviennent aussi bons que les autres raisins, quand la gelée ne précède pas leur maturité.

Des Vrilles.

La vigne est une plante grimpante, comme le lierre, la viorne et autres qui s'attachent aux plantes voisines pour soutenir la faiblesse de leur bois : tel est l'avantage que les vrilles procurent à la vigne. Pour ne pas laisser à la nature tout le soin qu'exige la vigne, le vigneron attache le bois à un support, et le service des vrilles devient inutile. Une partie des vrilles tombent pendant l'hiver; et, lors de la taille, on enlève ce qui peut rester. Nous parlerons encore de la vrille.

Observation.

Les remplaçants et les alonges rendent la vigne très-productive ; c'est un fait incontestable. Examinons s'il faut toujours tailler le plant de manière à arracher de lui tout ce qu'il peut produire.

En toutes choses les extrêmes sont nuisibles ; c'est une production suffisante et non excessive qu'il faut chercher. Lorsque le plant est trop chargé de fruits, on doit, en bon administrateur, faire disparaître l'excédent. Cet enlèvement se fait lors de l'ébourgeonnement qui suit la floraison, en coupant les raisins mal placés, ou ceux qui sont faibles. Si le plant restait surchargé, il souffrirait ; le raisin ne parviendrait pas à une bonne maturité, et serait de mauvaise qualité. Les souchets, qui produisent moins que les remplaçants et les alonges, soulagent le plant ; c'est à celui qui taille à juger si le plant demande plus ou moins de souchets. L'excès de production est moins à craindre que le manque de production, puisque l'un se corrige, et que l'autre est une perte sans remède. D'après l'ancienne culture, la vigne porte rarement la quantité de fruits qu'elle peut raisonnablement nourrir; c'est dans la culture en cordons qu'on trouve la quantité convenable et suffisante.

Si l'on ne devait s'occuper que de l'abondance en fruits, il serait facile de mettre un-second cordon au-dessus du premier, ce qui augmenterait la quantité; mais dans ce cas, il y aurait surabondance, et par conséquent mauvaise qualité. Avec un seul cordon, il faut souvent ôter la surabondance, à plus forte raison s'il y en avait deux. La quantité et la qualité ne sont pas d'accord; l'une voudrait un second cordon, et l'autre le rejette.

Les vignerons prétendent qu'en donnant quatre ou cinq pieds de taille à une jeune branche, on énerve le plant.

Si la taille que j'indique ne convient pas aux plants de la vigne épaisse, elle convient aux plants espacés qui n'en souffrent pas, ainsi que l'expérience le fait connaître. Ces plants ne souffriraient que par un excès d'abondance dont on n'enlèverait pas l'excédent.

Temps de la Taille.

C'est mal à propos que, dans nos pays où
la gelée est à craindre, quelques vignerons et
jardiniers taillent complètement la vigne,
avant ou pendant l'hiver. Cette opération est
hasardeuse ; le bois des dernières pousses
renferme une moelle trop aqueuse et trop
susceptible d'être gelée, pour être mise à
découvert pendant les grands froids.

Dans beaucoup de pays, tout le travail de
la taille se fait après l'hiver, un peu avant et
pendant les premiers mouvements de la sève.
Cette manière a plusieurs inconvénients,
comme on le verra. Après l'hiver, le temps
propre à la taille n'est pas assez long, le
vigneron est surchargé de besogne, et il ne
peut donner à cette opération tout le temps
qu'elle demande pour être bien faite. Les
plaies qu'on fait, en coupant le gros bois,
occasionnent une perte de sève si considérable que souvent elle cause la mort du
plant.

Dans les vignobles où l'opération de la
taille a été mieux étudiée, elle se fait en

deux temps : c'est cette dernière manière que je conseille de suivre. Pendant l'automne, on fait un travail préparatoire, et la taille ne s'achève qu'après l'hiver. Le premier travail consiste à élaguer le plant, et à enlever tout le bois inutile, ne laissant dans leur entier que les branches nécessaires à la taille. Après l'hiver, il ne s'agit plus que de rogner les brins laissés pour y asseoir la taille définitive.

Cette manière de tailler en deux temps a plusieurs avantages. Le travail fait en automne diminue considérablement celui d'après l'hiver, et alors le vigneron n'est plus surchargé. La branche coupée en automne ne pleure pas dans cette saison, puisque la sève est arrêtée; elle ne pleure pas après l'hiver, parce que la partie coupée est devenue sèche, ce qui empêche la perte de la sève. Je ne prétends pas que les pousses laissées pour asseoir la taille après l'hiver sont exemptes de pleurer ; mais ce petit écoulement n'a rien de dangereux. Ce qu'il faut éviter, c'est l'enlèvement du gros bois après l'hiver, puisque la perte de la sève peut donner la mort au plant, à plus forte raison produire des maladies et occasionner la perte du fruit.

Je conviens que l'élagage, fait avant l'hiver, a aussi un danger : celui de hâter la végétation, ce qui peut exposer la vigne à la gelée. Cette végétation hâtive vient de ce que les prémices de la sève sont répandues dans moins de bois que si l'élagage n'avait pas été fait. Il n'y a point de manière d'opérer exemptes d'inconvénients ; il faut choisir celle qui en a le moins. C'est souvent le concours des circonstances qui opère le succès comme le défaut de réussite.

Si, lors de la vendange, le bois n'est pas parvenu à sa maturité, il est rare que la récolte de l'année suivante soit abondante. Lorsque le jeune bois a beaucoup de moelle, et que son écorce est verte, il n'est pas mûr. Souvent le jeune bois n'est pas mûr à son extrémité, et cependant il a la maturité suffisante près de la taille qui l'a fait naître. Il est à propos de tailler court, quand le bois n'a pas atteint sa maturité. Il faut aussi tailler court le cep qui donne peu de bois, sans trop s'attacher à l'espèce du plant.

Taille de la Jeune Vigne.

Quand la vigne est nouvellement plantée,

6

il ne faut pas la charger en bois. Si l'on plante
avant l'hiver, on ne taille que quelques jours
avant le mouvement de la sève. Si la plantation se fait après l'hiver, on taille en plantant.
Cette première taille, ainsi que celle de l'année suivante, se font à un ou deux boutons.
C'est la force du plant qui doit diriger les
tailles subséquentes. Ce n'est qu'à la quatrième
année de la plantation que l'on commence à
recueillir.

On peut apprendre la taille de la vigne,
sans tailler réellement ; il suffit d'appliquer les
principes à quelques plants, auprès desquels
on s'est transporté, et de tailler fictivement
et en idée seulement.

Pour tailler les petits arbres et la vigne, il
est plus avantageux de le faire avec l'outil
appelé *sécateur* qu'avec la serpette. Le sécateur
est une espèce de pince qui s'ouvre d'elle-
même, et se ferme par la pression de la main
pour couper. Il est facile de voir comment il
faut s'en servir, pour ne meurtrir que la
partie élaguée. Cet outil, qui ne fatigue
pas, est infiniment plus expéditif que la
serpette.

Pour soutenir la vigne, et pour lui faire

prendre la direction qu'on veut lui donner, il faut des supports adaptés à la forme qu'on désire : parlons donc du treillage.

DU TREILLAGE ET DE L'ACCOLAGE.

LE treillage se fait avec des pieux, du fil de fer recuit et des clous. Les pieux faits de pieds ou de souches de chênes durent très-long-temps. Le brin de trois à quatre pouces de diamètre au petit bout, et de trois pieds et demi de longueur, se fend en deux. La large hache du charron est l'outil qui convient le mieux pour les faire. On laisse beaucoup de force à la partie du bas des pieux ; pour les planter, on commence l'ouverture de la terre avec un barreau de fer pointu. On se sert d'un cordeau pour aligner les pieux qu'on espace de six pieds.

Après que les pieux sont plantés, on met deux clous après chacun des pieux : le premier à un pied au dessus du terrain ; et l'autre à huit pouces plus haut que le premier, pour recevoir et arrêter le fil de fer dont on fait deux lignes horizontales. Les clous qui n'ont qu'un pouce de longueur sont forts au collet.

Au lieu de fil de fer, on peut employer des

baguettes, ou du bois fendu qu'on appelle *lisse*. Il y a beaucoup d'économie à employer du fil de fer, au lieu de traverses en bois, surtout en achetant en fabrique. La grosseur convenable est celle connue sous le N° 15. Outre l'économie que procure l'emploi du fil de fer, il donne moins d'ombrage à la vigne que le bois. On peint le fil de fer posé en le frottant avec de l'étoffe en laine, imbibée d'huile et de noir de fumée. Au lieu de cette peinture, on peut graisser avec du suif.

Pour circuler plus facilement dans la vigne, on peut faire quelques sentiers qui traversent les lignes. On fait peu de sentiers, parce qu'ils gênent le renouvellement des mères-branches.

Les mères-branches et les alonges s'attachent horizontalement au fil de fer du bas, à l'instant de la taille, et les pousses s'accolent ou sont arrêtées à la ligne du haut, lorsqu'elles ont acquis une longueur suffisante. Si l'on veut attacher une pousse qui n'est pas assez longue pour atteindre la ligne du haut, on applique un bâton contre les deux lignes de fil de fer, et l'on attache la pousse à ce support auxiliaire.

Si l'on voulait économiser, on pourrait ne

mettre qu'un fil de fer au lieu de deux ; mais
l'accolage n'est pas aussi régulier : il ne flatte
pas autant la vue, et est moins bon.

Dans les vignes en cordons, on n'enlève
pas les treillages chaque année, on les répare
seulement. La réparation se fait avant le temps
de la taille.

Pour bien connaître la vigne, il ne suffit pas
de la voir en grand ou dans son ensemble, on
doit diviser et subdiviser chacune de ses parties ; chaque subdivision doit être examinée
séparément comme objet principal, et ensuite
réunir et coordonner les portioncules pour
former un tout. C'est surtout au temps de
l'accolage et près d'un plant de vigne qu'on
pourra mieux comprendre ce qui va être dit.

État de la Vigne taillée.

La vigne a sur chaque nœud deux yeux ou
boutons près l'un de l'autre. Le plus gros
bouton est appelé bourgeon, et le petit contre-
bourgeon.

Ces boutons ne sont que sur le jeune bois
produit par la dernière sève.

La taille n'a laissé que le bois et les boutons
nécessaires.

Souvent il n'y a qu'un bouton, parce que l'autre a produit une arrière-pousse.

État de la Vigne reproduisant.

Quelque temps après que la vigne est taillée, les boutons se développent et procurent du bois.

Les boutons ne donnent pas directement le fruit, ils donnent seulement un bois neuf.

Il n'y a que le bois neuf qui procure le fruit, il n'est jamais attaché sur le vieux bois.

La grappe, ou plutôt son rameau, paraît en même temps que le bois qui la porte.

Le raisin ne vient pas dans l'aisselle de la feuille, comme beaucoup d'autres fruits; il sort d'un nœud ou d'une bosse couverte de l'écorce.

Sur chaque nœud du bois, crû après la taille, sont placés deux nouveaux boutons, le raisin, ou la vrille et la feuille.

Les deux boutons et la feuille sont tous les trois placés ensemble, et le raisin est toujours sur le côté opposé à celui des deux boutons et de la feuille.

Ce changement s'opère à chaque nœud : quand les boutons sont à droite, le raisin ou la vrille sont à gauche, et ils changent alternativement de côté.

Le bois n'est réputé neuf qu'à compter de son apparition, qui se fait ordinairement au mois d'avril jusqu'à la taille suivante.

Le bois neuf ne donne pas de fruit sur toute sa longueur; les trois ou quatre premiers nœuds qui sont au bas, ou les plus près du vieux bois, ne produisent pas de fruits. Le raisin vient à compter du quatrième ou cinquième nœud, jusqu'au dixième environ; tout le surplus des nœuds sont stériles. On voit que les deux extrémités du bois neuf ne produisent pas de fruits.

Une pousse neuve peut produire un, deux, trois raisins, rarement quatre; je n'en ai vu cinq qu'une seule fois.

Le rameau de la grappe vient avant la fleur et n'est pas le résultat de la fleur; c'est le rameau qui fleurit, et la fleur procure la mise en grains, et forme la grappe.

La distance entre deux nœuds qui est plus ou moins longue, et est de trois à six pouces, s'appelle *maille*. Le mot *pampre* est souvent employé pour exprimer une feuille de vigne.

Reprenons la nouvelle croissance. Le développement du bourgeon précède, de huit ou quinze jours, celui du contre-bourgeon. Le bourgeon et le contre-bourgeon peuvent donner l'un et l'autre bois et fruits. Souvent le bourgeon produit seul, et le contre-bourgeon reste enseveli. Si le bourgeon est gelé ou enlevé, alors le contre-bourgeon donne du bois, et son bois donne du fruit. Je suis porté à croire que quand le contre-bourgeon ne produit pas de bois, cela vient de ce que la sève, qui a frayé son son cours dans le maître bouton, néglige en quelque sorte l'autre bouton voisin qui n'est qu'un auxiliaire.

Il est reconnu que le bourgeon donne plus de vin, et d'une meilleure qualité que le contre-bourgeon. Il peut arriver que le premier soit gelé, et le second épargné.

Réflexion importante.

Dès le développement du bouton, il y a des signes qui indiquent si la vigne sera fructueuse. Plus le bouton se développe avec promptitude, plus le bois et l'écorce sont tendres, et plus le germe du raisin a de facilité pour rompre l'écorce sous laquelle il est renfermé.

7

Quand le nouveau bois pousse lentement, alors l'écorce prend un tissu chancreux, et il arrive que le germe du raisin n'a pas la force de rompre ou de percer les filaments qui le retiennent ; il ne peut éclore, et il périt sous l'écorce. Voilà la cause de la faible production de la vigne. L'oiseau périt dans la coque quand il ne peut l'ouvrir, il en est de même du raisin.

Du troisième nœud en montant, jusqu'au dixième environ, est la place des raisins. Lorsqu'il se trouve une vrille dans cet endroit, elle était sous l'écorce un véritable raisin, dont le rameau a été éfilé, dégarni et ébarbé par le travail de l'accouchement. La vrille est tellement un raisin qu'elle porte quelquefois deux ou trois grains. Au delà du dixième nœud, il ne sort plus que des vrilles.

Quand un raisin est partie en rameau, partie en vrille, ce qui arrive très-souvent, c'est que la partie en vrille a été dégarnie, et l'autre épargnée. Quand le germe périt sous l'écorce, il n'y a ni raisin ni vrille. L'écorce de la vigne, provenant de semence, est très-filamenteuse ; voilà pourquoi le germe du raisin la perce difficilement.

Ce travail de la nature, auquel j'ai donné une grande attention, est digne d'être médité par ceux qui aiment les améliorations, pour en découvrir de nouvelles.

Ce qui vient d'être dit ne s'applique qu'à la production du fruit, et non à son accroissement et à sa conservation : il arrive souvent que la vigne produit beaucoup de fruits, et qu'à la vendange il en reste peu.

Quand les jeunes pousses demandent à être accolées, les raisins ont reçu un certain développement. On sait que les anciens ont fait beaucoup de remarques qu'ils ont mises en proverbes avec des rimes bonnes ou mauvaises : on peut en accolant vérifier celui-ci qui est bien connu des vignerons.

> *Quand la pomme passe la poire,*
> *Vends ton vin, ou le fais boire :*
> *Quand la poire passe la pomme,*
> *Garde ton vin, bon homme.*

Ce proverbe, renfermé dans une espèce d'énigme, annonce que les pommes et les poires sont un pronostic pour faire connaître la quantité de vin à récolter. C'est comme si l'on disait : lorsque les arbres promettent une bonne récolte en pommes , et une faible récolte en poires, la vendange sera abondante, et le propriétaire de vin doit profiter du moment pour vendre. Lorsqu'au contraire les arbres promettent une bonne récolte en poires, et une faible récolte en pommes , la vendange donnera peu de vin, et le propriétaire doit garder.

Ce proverbe est basé sur plusieurs remarques et observations assez justes. On sait que la gelée et autres contre-temps détruisent beaucoup de fruits tandis que les boutons se gonflent et se développent , étant alors faibles et délicats. Dans le temps que le pommier développe ses boutons, la vigne pousse de jeunes rejets, et le raisin commence à paraître : le temps qui convient pour les pommes est donc également avantageux pour le fruit de la vigne. Il en est de même pour les intempéries ; ce qui détruit la pomme détruit aussi le raisin.

A l'égard de la poire : que son apparition se fasse bien ou mal, c'est chose indifférente pour la pomme et pour le raisin, parce que le poirier devance le pommier , et dans un temps où le raisin est à l'abri de beaucoup de dan-

gers, étant encore renfermé dans la bourre.
La bourre est une espèce de coton qui couvre
l'œil de la vigne. Quelquefois le raisin est gelé
en bourre, c'est-à-dire avant le développement du bouton. L'année est rarement abondante et en pommes et en poires; parce que les
deux apparitions se font l'une après l'autre,
dans une saison trop variable pour que le
temps reste constamment favorable.

Le treillage et l'accolage dont nous nous
sommes occupés ne présentent rien de difficile. Après que la vigne a été accolée, elle
donne beaucoup de bois inutile et superflu;
nous allons entrer dans quelques détails sur
l'ébourgeonnement.

~~~~~~

DE L'ÉBOURGEONNEMENT.

————————

ÉBOURGEONNER , c'est enlever les rejets
superflus de la vigne, et rogner ceux qui sont
trop grands. On enlève les gourmands et les
pousses qui ne portent pas de fruits, à moins
que ces brins ne soient utiles pour la taille de
l'année suivante. Dans ce cas d'utilité, on se
contente de les rogner au troisième ou quatrième bouton. Si le plant est trop chargé de
bois, on peut enlever les pousses qui portent
les petits raisins.

Si une pousse doit faire un remplaçant, il
faut la laisser grandir de même que les alonges.
On rogne ordinairement au troisième bouton
au-dessus du raisin le plus élevé. Les pousses
qui n'ont pas de fruits, et les gourmands que
l'on veut conserver sont maintenus plus
courts que les pousses qui portent des fruits.
Il ne faut pas confondre l'ébourgeonnement
du gourmand avec sa taille : on l'ébourgeonne
à trois ou quatre yeux, et on ne lui laisse

qu'un œil en le taillant, pour obtenir un bon
bois. Le premier et léger ébourgeonnement
se fait environ trois semaines avant la
floraison.

La vigne croît avec une telle vitesse que
cinq ou six mois suffisent pour donner quelquefois vingt pieds et plus à une pousse. La
quantité de fruits n'est pas en raison de la
longueur du nouveau rejet ; les raisins n'ont
eu qu'un moment pour éclore, et tous parais-
saient lorsque le bois nouveau n'avait encore
que quelques pouces de longueur : la partie
supérieure de la branche neuve ne porte pas
de fruit. Il en est autrement d'une alonge
faite lors de la taille : le fruit vient sur toute
sa longueur, c'est-à-dire sur toutes les nouvelles pousses qui prennent naissance sur
l'alonge. Une nouvelle pousse produit depuis
un jusqu'à quatre raisins. Dans ce nombre, je
ne comprends pas la production des arrière-
pousses sur lesquelles viennent les petits raisins appelés verjus. On peut voir à l'article de
la taille ce qui est dit du verjus.

La vigne doit être tenue courte pour donner
aux fruits et au bois plus d'air, plus de soleil,
plus de nourriture et de maturité ; par
conséquent plus de qualité.

Après le premier ébourgeonnement la vigne donne des rejetons appelés arrière-pousses. Il ne faut pas lors du second ébourgeonnement enlever entièrement les arrière-pousses, on leur conserve deux ou trois yeux. Si les arrière-pousses étaient supprimées entièrement, la branche qui porte le fruit deviendrait languissante et malade, ainsi que le raisin. Cette maladie vient de ce que la sève ne trouvant plus, dans le nouveau brin, les yeux propres à donner du bois, elle quitte les pousses pour produire des gourmands sur les mères-branches ainsi que sur la souche, et son suc s'extravase. C'est pour cette raison qu'au lieu de rogner immédiatement au-dessus du raisin le plus élevé, on laisse encore trois ou quatre boutons. La vigne donne aussi des vrilles qu'il est bon de couper.

En ébourgeonnant un jeune cep, on lui laisse peu de bois, afin de ne pas l'énerver : on attend qu'il soit assez fort pour laisser croître les deux mères-branches. La première année des mères-branches, on les attache verticalement : on ne leur donne la direction horizontale que l'année suivante. Si l'on inclinait les mères-branches la première année de leur croissance, on pourrait les éclater, et la sève, qui tend toujours à s'élever en ligne droite, les nourrit mieux debout qu'inclinées.

En ébourgeonnant, il faut toujours voir quelle devra être la taille de l'année suivante, surtout relativement aux alonges et aux pousses que l'on doit laisser grandir pour former des remplaçants ; c'est ce que nous ferons encore sentir à l'article qui a pour titre: *Manière de rajeunir le Bois*.

Le second ébourgeonnement se fait immédiatement après que la floraison est passée.

Je vais rendre compte d'une expérience que j'ai faite. J'avais contre un mur un plant chargé de fruits, et disposé à avoir beaucoup de bois. Au lieu de l'ébourgeonner, je l'ai laissé dans son entier. Quelque temps après, le dessus du plant s'est courbé et a formé une espèce d'avant-toit sur la partie accolée. Il est arrivé que tous les grains ont tombé, et que les rameaux des raisins sont devenus des vrilles; ce qui ne m'a pas étonné.

Le temps de la fleur du raisin est un moment critique pour la vigne. Quand la floraison se fait lentement et avec peine, il y a lieu de craindre pour la récolte. Parmi les accidents

8

attachés à la culture de la vigne, le plus fré-
quent est la coulure du raisin. Couler, en
terme d'agriculture, se dit des fruits qui ont
fleuri et n'ont pas noué. Dans une grande
partie de la France, le raisin se met en fleur
vers le solstice d'été, qui est ordinairement le
temps des longues pluies.

Causes de la Coulure.

Le froid et les longues pluies sont des
causes de la coulure ou non-fécondation. Si,
peu de temps avant la floraison, les pluies
chaudes se prolongent, dans ce cas, la vigne
reçoit une nourriture trop copieuse, qui
engorge les tuyaux de la sève ; et cet état de
plénitude, qui est une maladie, est un obstacle
à une bonne fécondation.

Si, pendant la floraison, le froid se fait
sentir, il s'oppose à la dilatation du pistil ; et,
dans cet état de resserrement, il ne reçoit pas
la poussière fécondante.

Si, durant la floraison, il survient de longues pluies froides ou chaudes, elles noient
la poussière fécondante, et l'entraînent à terre
avant d'avoir produit son effet.

La vigne est peut-être la plante qui a le moins besoin d'eau, parce qu'elle est par sa nature très-abondante en sève, et que les longues pluies lui donnent un excédent de sève qui ne peut acquérir le degré de perfection qui convient.

La carie, la pourriture des vieilles racines, l'étiolement, en un mot, toutes les maladies de la vigne sont des causes de coulure.

Il serait à désirer que, dans une grande contrée, il n'y eût qu'une espèce de plant en culture; les récoltes en seraient meilleures. Il est reconnu que la fécondation, entre espèces non pareilles, abâtardit le fruit. C'est par cette cause que la semence d'une carotte est de mauvaise qualité quand un panais, portant semence, était voisin. C'est encore la même cause qui fait prendre la rame aux pois et aux haricots qui étaient nains. L'union aime la parité; la diversité des plants altère le fruit, et est une cause de coulure. Cette diversité est donc contraire à la qualité et à la quantité.

La vigne ne doit pas être labourée pendant la floraison, parce que la terre remuée donne des exhalaisons qui peuvent faire couler. L'ébourgeonnement, qui dérange l'état de la plante, est aussi interdit pendant le temps de la fleur.

M. Lambry, en parlant de la coulure, dit que cette maladie provient des pluies continuelles qui frappent la vigne lorsqu'elle est en fleur ; qu'alors la sève étant trop abondante, la fécondation se fait mal, et le grain du raisin avorte.

Ce cultivateur indique un procédé qu'il annonce avoir mis en usage depuis long-temps, et dont il garantit le succès. Lorsque la vigne est en fleur, il fait à l'écorce, au-dessous des grappes, deux incisions circulaires à une ligne de distance l'une de l'autre, et enlève le petit anneau d'écorce. La petite plaie faite à la branche donne lieu à la formation d'un bourrelet qui a bientôt recouvert le bois mis à nu, et cette interruption momentanée de la sève suffit, selon M. Lambry, pour préserver la branche de la coulure. On a imaginé un instrument avec lequel cette opération se fait facilement.

Quoiqu'il soit reconnu que l'abondance de la sève, pendant la fleur, est une cause de

coulure, les vignerons la font augménter, loin
de la faire diminuer. Dans beaucoup de pays,
on est dans la mauvaise habitude de faire
deux opérations simultanées, tandis que la
vigne est en fleur : celle d'attacher le plant à
l'échalas, et celle de rogner la vigne. Si l'on
réduit à un pied de longueur un brin qui en
avait cinq, le pied restant a toute la sève des
cinq pieds : il est donc évident qu'on fait
augmenter la sève au lieu de la diminuer. En
bonne pratique, la vigne ne doit pas être
rognée pendant la floraison.

Les pluies qui sont contraires au fruit de la
vigne sont favorables pour la production de
l'avoine ; c'est ce qui se trouve exprimé par
ce dicton :

Les hommes et les chevaux
N'ont pas ensemble ce qu'il leur faut.

L'année 1819 a été une exception à cette
règle assez générale ; on a récolté une grande
quantité d'avoine et beaucoup de vin. Cette
année a été abondante en toutes productions ;
il y avait notamment une si grande abondance
de noisettes que, dans beaucoup de départe-

ments, on en a fait une grande quantité d'huile. Le proverbe

Année de noisette,
Année de disette.

s'est trouvé faux cette fois. Les années de pluies abondantes ne donnent jamais de bons vins.

L'article suivant indiquera le moyen d'augmenter la récolte par le renouvellement du bois.

MANIÈRE DE RAJEUNIR LE BOIS DE LA VIGNE.

LA connaissance la plus utile à un vigneron est celle de savoir bien renouveler le bois de la vigne : c'est là que se trouve le grand avantage de la vigne en cordons. Ce n'est pas assez de maintenir la belle tapisserie que donne un cordon, il faut rajeunir le bois, parce que c'est le renouvellement qui produit l'abondance. Par la direction horizontale de cette vigne, les plants se prêtent mutuellement secours. Pendant qu'un cep se renouvelle en partie, ou qu'il se rajeunit en entier, les deux voisins se chargent de le remplacer, non-seulement pour occuper son espace, mais encore pour les fruits qu'il devait porter. Ce renouvellement n'appartient qu'à la vigne dirigée en cordons ; il ne peut se faire sur la vigne verticale. On ne peut tirer bon parti d'un plant isolé, parce qu'il est trop difficile de renouveler son bois.

Les parties qui se renouvellent sont les

mères-branches et les souches; nous allons indiquer la manière de faire ces renouvellements.

Les mères-branches se renouvellent de trois manières. La première, en substituant l'alonge d'un plant à la mère-branche du cep voisin, et coupant cette dernière d'autant. Par le moyen des alonges, les mères-branches des ceps voisins se poussent alternativement, et tandis que l'une avance, l'autre recule. C'est ainsi que les mères-branches allant horizontalement peuvent se rajeunir l'une après l'autre. Secondement, une mère-branche se renouvelle par un remplaçant. Comme il a déjà été dit, celui qui ébourgeonne ne peut trop s'occuper de la taille de l'année suivante, puisqu'il doit choisir et laisser grandir les alonges et les pousses qui doivent être employées à rajeunir. Troisièmement, une mère-branche se renouvelle en employant en même temps les deux premiers moyens dont il vient d'être question, c'est-à-dire l'alonge et le remplaçant. Quand on laisse sur une mère-branche un remplaçant et une alonge, il faut baisser le remplaçant et l'étendre le long de la mère-branche, en l'assujettissant par deux ou trois ligatures.

Tout le bois qui se trouve placé sur la mère-branche, dans l'endroit occupé par le remplaçant, doit être abattu, et cette partie de la mère-branche ne doit plus produire ni bois ni fruit.

Passons au renouvellement de la souche. La souche n'a pas besoin d'être rajeunie aussi souvent que les mères-branches ; c'est le mauvais état du plant qui fait connaître si cette opération est nécessaire. Pour renouveler la souche, on conserve le plus beau des gourmands qui croissent sur ces racines, pour faire une nouvelle souche. On coupe ce gourmand à dix pouces de hauteur. L'année suivante, on lui fait prendre deux mères-branches auxquelles on ne donne que quelques pouces de longueur. Tandis que le jeune plant croît, on raccourcit les mères-branches du vieux, en lui substituant les alonges voisines, et l'on ne coupe entièrement le vieux cep que quand le jeune peut le remplacer.

Si la vieille souche ne pousse pas de gourmand, on la tronçonne pour en obtenir un. Quelquefois la souche coupée ne produit des rejets qu'à la deuxième année.

Si la souche est morte, on la remplace par

9

un nouveau plant, après avoir bien extirpé les racines, et avoir mis de la terre neuve dans la fosse.

La vigne peut se renouveler en la provignant. On verra, à l'article de l'entretien de la vigne, la critique que nous faisons de l'une des manières de provigner.

De la Greffe.

On peut encore renouveler la vigne, et même en changer le fruit par le secours de la greffe. La sève de la vigne coule non-seulement entre le bois et l'écorce, elle coule encore dans le bois même ; ce qui rend la réussite de de la greffe si facile. La vigne se greffe de deux manières : ou en fente, ou à deux becs.

Pour celle en fente, on donne à la greffe environ un pied de longueur, dont quatre pouces en vieux bois, et le surplus en bois de la dernière pousse. La greffe se taille en forme de coin un peu plus mince d'un côté que de l'autre. Il faut découvrir la souche ; la scier à quelques pouces au-dessous de la superficie de la terre ; unir la coupure avec la serpette ; fendre la souche d'environ trois pouces; ouvrir la partie fendue pour y placer la partie en coin de la greffe; appliquer la poix blanche, et faire un amas de terre que la greffe domine de trois ou quatre pouces.

Après avoir décrit l'opération, il convient de déduire les raisons du mode employé. La greffe se met en terre, pour prendre des racines en même temps qu'elle se colle à la souche. Une partie de vieux bois convient à la greffe, parce qu'il a plus de consistance que celui de la dernière pousse, et aussi parce que les racines prennent naissance principalement dans le bourrelet qui sépare les deux âges ou pousses. La partie du coin qui est la plus mince se met du côté du centre de la souche, afin que la partie la plus épaisse du même coin colle mieux. Lorsque l'écorce de la souche est plus épaisse que celle de la greffe, elles doivent coïncider à l'intérieur et non à l'extérieur, afin que la sève puisse communiquer directement de la souche à la greffe. Si la souche ne serre pas assez la greffe, on la lie avec un petit osier. La poix blanche, qui s'applique à l'extrémité de la greffe et sur la partie coupée et fendue de la souche, sert à empêcher la perte de la sève. Si la souche mouille par la sève, au lieu d'employer la poix qui ne s'attache pas à ce qui est humide, on se sert de suif que l'on ratisse avec un couteau, et que l'on applique fortement avec le pouce. Si la souche est grosse, on peut y mettre deux greffes.

Voici comment la greffe à deux becs se fait. Il faut faire une fosse qui ait au moins l'étendue et la profondeur que l'on donne à une fosse pour provigner ; coucher dans la fosse une ou plusieurs souches, et distribuer çà et là tous les membres, pour faire une greffe sur chacun. Après cette préparation, on coupe un membre en donnant à la coupure une direction oblique et alongée, en forme de bec de flûte ; on taille la greffe de la même façon ; on ajuste les deux coupures l'une sur l'autre, et on les assujettit avec du chanvre ou autres ligatures ; on couche la partie greffée dans une terre douce, et on la couvre d'une pierre. Quand tous les membres sont greffés, on remet dans la fosse une quantité suffisante de terre.

Pour ne pas charger le narré de l'opération, nous nous sommes abstenus d'y joindre plusieurs observations que nous allons placer ici.

La greffe à deux becs, qui produit un effet
merveilleux pour la vigne dont les plants sont
épars et sans ordre, convient moins à la vigne
en cordons. Cette différence vient de ce que
dans la vigne épaisse, on fait beaucoup de
greffes dans le même endroit ; tandis que dans
la vigne en cordons, les plants devant être
éloignés, on ne peut faire qu'une greffe par
fosse. Les membres de la souche se coupent
dans un endroit uni, à une distance plus ou
moins grande de la souche. Les coupures sont
alongées en bec de flûte, afin de donner la
facilité de les maintenir ensemble par une
ligature, et afin qu'il y ait plus de points de
contact entre la souche et la greffe pour la
communication de la sève. La longueur ordinaire des becs est de douze à quinze lignes.
Les deux becs doivent être, autant que possible, de la même longueur et grosseur, pour
que le passage de la sève ne trouve point
d'obstacle. On peut greffer sur le vieux bois,
ou sur le nouveau. Pour que la sève se perde
moins, on contourne plusieurs fois la ligature
sur elle-même. La greffe n'a pas de longueur
déterminée ; plus la partie couchée en terre
est longue, mieux elle prend racine ; seule-

ment la partie hors de la terre est de quatre ou cinq pouces. La pierre que l'on met sur la greffe sert à prévenir les accidents qui pourraient l'atteindre , notamment celui de la décoller, en bêchant, paisselant, etc. La greffe en fente et celle à deux becs se font quand la sève est en mouvement. On peut prolonger le temps de greffer : il y en a qui greffent encore quoique la sève ait déjà donné du développement à la vigne; mais ceux-là ont pris la précaution de couvrir entièrement de terre les brins détachés du plant, pour les empêcher de pousser avant d'être employés comme greffes. Pour greffer, on peut prendre des chevelées, et faire des becs dans le chevelu. La greffe n'a pas le seul avantage de substituer un bon fruit à un mauvais, elle a aussi celui de multiplier les plants et de rajeunir la vigne.

On greffe avec avantage une espèce faible en bois sur une plus forte. Les greffes commencent à donner du fruit la seconde année.

Il y a une manière de greffer qui produit un raisin curieux : chaque grain de la grappe a une partie blanche et une partie noire; le blanc et le noir sons coupés, séparés et non confus. Voici comment on obtient ce raisin extraordinaire.

On peut greffer dans la chambre. On met sur une table trois jeunes plants de raisins ayant racines : deux sont de raisins blancs, et un de noir. Les trois plants sont autant que possible de la même grosseur au collet, qui est l'endroit où commencent les racines. Ces trois plants doivent être amalgamés et incorporés de manière à ce que les trois ne deviennent plus qu'un plant.

Pour faire cette réunion, l'on coupe en bec de flûte un plant de raisin blanc, au collet de la racine. On coupe de même le plant de raisin noir. Le plant qui reste de raisin blanc se taille au collet de la racine en forme de coin à fendre. Ce dernier plant est la greffe longue d'environ un pied : voilà les trois pièces qui doivent être réunies.

La greffe qui est en coin se pose entre les deux becs de flûte, et par une bonne ligature l'on réunit les trois pièces. On plante cet assemblage, laissant la ligature hors de terre. Après cette plantation, l'on amasse un monticule de terre autour de la greffe, qui ne doit excéder le tas que de deux boutons.

Observation.

Le pied de la greffe dont nous venons de parler est composé de deux sujets ou souches, tandis que la greffe ordinaire en fente n'a qu'une souche : il n'y a guère que cette diffé-rence entre les deux manières de greffer. La partie où commence la racine convient mieux pour y faire les becs de flûte et le coin, parce que la racine est plus compacte, et a plus de solidité que la tige. La ligature doit être faite de manière à contenir la sève, pour qu'elle ne se porte pas au dehors. L'année qui suit la greffe, l'on enlève le monticule, et l'on coupe les racines qui pourraient avoir poussé dans cet amas de terre. Cet enlèvement est conseillé parce que, si la greffe qui est la partie du milieu poussait des racines, cela occasionne-rait le mélange du blanc et du noir dans le raisin.

Si l'on plante deux plants l'un contre l'autre, l'un de raisin blanc et l'autre de raisin noir, et que l'année suivante l'on greffe sur place, on est plus assuré de réussir, et la greffe a une végétation plus forte qu'en greffant dans la chambre.

On pourrait essayer cette greffe sur le rosier;
il y a lieu de croire qu'elle réussirait et donnerait à la reine des fleurs une nouvelle parure.

Nous avons passé en revue les différents
moyens que l'on emploie pour le renouvellement de la vigne, et nous avons vu , à l'article
de la Plantation, que la distance d'un plant à un
autre, sur la même ligne , était de six ou sept
pieds. De ce que les plants pourraient se rejoindre quand ils seraient espacés de quarante
pieds et plus, il ne faut pas conclure que ce
dernier espace leur convient. On doit sentir
que le renouvellement des mères-branches
s'opèrerait trop lentement si les plants étaient
à une aussi grande distance. Si au contraire
les plants étaient trop rapprochés , on ne
pourrait donner aux alonges , qui sont la
partie la plus productive de la vigne , la
longueur qui leur convient.

Je taillais près de ma maison, et je renouve-
lais le bois de la vigne, lorsqu'un vigneron
vint me parler. Voyant la longueur d'un brin
taillé, il le mesura et trouva qu'il était plus
long que son bâton. Il se mit à rire, et dit : « On
voit bien que vous n'êtes pas vigneron ; il faut
laisser au plus trois pouces; » et en parlant ainsi,

10

il tirait sa serpette pour réduire la taille à cette mesure. Je lui dis de la laisser ; que devant revenir plusieurs fois, il pourrait juger laquelle des deux méthodes était la meilleure. A son retour, voyant un très-grand nombre de raisins, il soutint qu'ils tomberaient ou ne viendraient pas à maturité. Lors de la vendange, il compta, sur la seule taille qu'il voulait réduire à trois pouces, quatre-vingts raisins, dont la majeure partie était d'une grosseur plus qu'ordinaire, et tous en maturité. Attribuant cette abondance à des moyens occultes et extraordinaires, il ne voulut pas goûter le raisin.

En 1828, une seule alonge a produit cent dix raisins qui ont été comptés par beaucoup de personnes. J'ai réduit cette production excessive à un nombre convenable.

J'ai désiré avoir plus que le fait de l'expérience, qui démontre que la vigne horizontale est plus productive que la vigne verticale ; j'ai cherché à en connaître les causes. Pour y parvenir, j'ai observé la nature, et cette étude m'a procuré la connaissance des points suivants:

1°. Dans la pousse neuve, il ne sort pas de

raisin des trois ou quatre premiers nœuds qui
sont les plus voisins de la dernière taille.

2°. Si l'année suivante on ne laisse , pour la
taille , que les premiers boutons dont les
nœuds n'ont pas donné de fruit l'année précédente , ces boutons produisent à la vérité du
jeune bois qui porte du fruit ; mais ces productions, en bois et en fruits, sont chétives,
et ces avortons semblent être donnés à regret
par la nature. On peut donc dire que ces
nœuds, qui ont été stériles pendant la première
année , ont conservé une espèce de sémi-
stérilité pendant la seconde.

3°. Lorsque les boutons sont mûrs , plus ils
sont éloignés de la dernière taille , plus le bois
qui en provient est fructueux, plus le fruit est
fortement constitué et capable de résister aux
contre-temps. On pourrait dire que le fruit de
la vigne a en horreur le vieux bois, puisqu'il
s'en éloigne le plus qu'il peut.

J'invite ceux qui auraient des doutes sur
ce qui vient d'être dit à faire une épreuve
sur quelques plants ; cela n'exige point de
frais.

Cours de la Sève.

La sève monte en ligne droite , autant que possible ; elle court à la partie supérieure ; elle n'est pas également distribuée dans toutes les parties de l'arbre.

Démonstration.

1°. La sève préfère la ligne ascendante à celle oblique, puisque, lorsqu'un jeune arbre forme la fourche , et que l'une des deux branches est plus faible que l'autre, il suffit de donner pendant quelque temps moins d'obliquité à la branche faible pour la rendre égale à l'autre. Cette expérience constante prouve que la sève a de la préférence pour la ligne verticale. Les branches gourmandes qui prennent naissance presque toujours sur les parties supérieures des courbures en offrent une nouvelle preuve. Cela se voit encore dans les branches horizontales dont le dessus ou le rond supérieur est mieux nourri que le bas.

2°. La sève court à la partie supérieure de l'arbre. La sève monte d'abord en petite quantité, elle se rend à la partie supérieure directement par la route principale et sans prendre les petits chemins qui conduisent aux branches latérales. Quand la cime est remplie, l'excédent ou le trop plein rétrograde par degré, et les branches inférieures sont servies les dernières. Puisque la nouvelle végétation se manifeste plus tôt à la cime de l'arbre qu'aux branches inférieures, cela prouve que la sève court à la partie la plus élevée ; que là elle s'accumule comme l'eau dans un biez d'usine, et que ses forces étant ainsi rassemblées, elle pousse, elle brise et fait marcher devant elle la barrière qui lui était opposée, pour montrer les échantillons d'une nouvelle végétation.

3°. La sève n'est pas également distribuée dans toutes les parties de l'arbre. La preuve résulte de ce que tous les boutons ne se développent pas en même temps ; de ce que la partie supérieure de l'arbre est mieux nourrie que la partie inférieure ; de ce qu'il est reconnu que les branches gourmandes usurpent la nourriture à leurs voisines, et les appauvrissent ; enfin de ce que l'arbre périt ordinairement par partie, et non dans son ensemble.

Je pense que c'est d'après le principe de cette distribution non égale de la sève, que dans la vigne les parties éloignées de la souche produisent un bois plus long et meilleur que celui des parties qui sont près de la souche.

On dira peut-être : Pourquoi donnez-vous à la vigne la position horizontale, puisque la ligne verticale la nourrit mieux ?

J'observerai que le plant de la vigne en cordons a les deux positions : celle horizontale pour le vieux bois, et celle verticale pour le bois qui porte le fruit.

Pronostic au temps de la Taille.

D'après les remarques que j'ai faites en étudiant la vigne, il est facile d'indiquer, en taillant, les parties du plant qui produiront beaucoup, et celles qui donneront peu ; comme aussi d'assigner les endroits où croîtront les plus gros raisins, et ceux où se trouveront les petits.

J'ai quelquefois désigné par écrit les endroits de chacune de ces productions futures, et la vérification a démontré au temps de la maturité que je ne m'étais pas trompé. Quand je rendais compte des bases du pronostic à l'inspection des fruits mûrs, et que l'on voyait tous les plants suivre la même marche, alors la connaissance de l'avenir était dévoilée et ne présentait plus rien de mystérieux même à ceux qui connaissaient peu la vigne.

Base du Pronostic.

L'expérience nous a appris que la partie du plant qui avoisine l'enfourchement donne peu de raisins, et que plus la partie du plant est éloignée de la souche et du vieux bois, plus elle est productive. Elle apprend encore que les petits raisins sont placés près de la souche, et les gros dans les parties éloignées. Il y a seulement quelques légères exceptions.

Ce que nous avons dit jusqu'alors sur la culture de la vigne ne suffit pas; il est encore d'autres soins qu'il ne faut pas négliger pour son entretien et sa conservation : c'est le sujet de l'article suivant.

DE L'ENTRETIEN DE LA VIGNE.

———

Avant de parler des labours que l'on donne
à la vigne, il est essentiel de faire connaître
une erreur qui est commune à la plupart de
ceux qui travaillent à la culture de la terre. Ils
sont dans la persuasion que la terre n'a pas
besoin de semence, qu'elle produit d'elle-
même, et donne la naissance à ce que l'on
appelle communément mauvaises herbes, sans
la participation d'aucun germe d'une plante
pareille. Cette fausse croyance fait un tort
considérable à la culture, parce qu'elle empêche de prendre les précautions nécessaires
pour se débarrasser des plantes nuisibles.

C'est une vérité parfaitement connue, et
rien n'est plus constant qu'aucune plante,
même la plus petite, ne peut croître sans
semence. La terre sert à développer le germe,
mais elle n'est pas le principe de la plante. On
ne doit pas multiplier sans cause les lois de la
nature. Si l'on fait l'aveu qu'un noyer ne peut

croître sans la noix qui est sa semence, on
doit convenir que le plus petit brin d'herbe
ne peut être produit que par sa semence. On
dira peut-être que l'on a vu croître, dans un
endroit, une plante qui n'y était pas auparavant. Nous convenons que cela arrive fréquemment; mais ce fait ne prouve pas que la
terre produit d'elle-même : c'est seulement
une preuve que la semence a été apportée par
les vents, ou d'une autre manière. Cette marche du règne végétal est aussi celle du règne
animal; car le ciron et l'éléphant ont chacun
pour principe des êtres de leur race.

Cette vérité, que la terre ne produit rien
sans semence, une fois établie, voyons ce qu'il
convient de faire pour débarrasser la vigne
des herbes qui lui portent préjudice. Il n'y a
qu'un seul moyen à employer pour les détruire,
c'est celui de ne pas laisser venir les herbes
en maturité.

On donne ordinairement trois labours à la
vigne, par chaque année. Ces labours ne sont
pas suffisants pour détruire les mauvaises
herbes, ainsi que nous allons le faire voir.
Parmi les plantes, les unes sont beaucoup plus
promptes à donner leurs graines que ne le sont

11

les autres, et il est hors de doute que des
graines se sont répandues dans l'intervalle
d'un coup de labour à un autre. Alors quel
est le véritable résultat du coup de labour?
On ne peut disconvenir que loin d'être contraire aux plantes égrenées, il favorise singu-
lièrement leur accroissement et leur multiplication. Il ne faut pas se contenter de labourer,
il faut sarcler avant la maturité des graines.
Le sarclage qui se fait entre les coups de
labour détruit en peu de temps les herbes, en
leur ôtant, par ce petit soin, la faculté de se
reproduire. Pour sarcler, on emploie une
espèce de ratissoire.

On appelle plantes bulbeuses celles qui
portent des bulbes ou oignons à leurs racines.
L'ail sauvage, qui est du nombre de ces
plantes, est quelquefois si multiplié qu'il ruine
la vigne; et beaucoup de vignerons s'étonnent
de ce que plus ils prennent soin de l'arracher,
plus il se multiplie.

La reproduction de cette plante vient de
ce que les oignons qui sont onctueux, au lieu
de périr à la surface de la terre, où ils sont
laissés mal à propos, y prennent racines et s'y
enfoncent de nouveau. Sa multiplication ex-

cessive provient de ce que le plant arraché, qui avait quatre ou cinq cayeux séparés, donne naissance à quatre ou cinq plants nouveaux. Il est facile de détruire les plantes bulbeuses qui font souvent le désespoir du vigneron : au lieu de les laisser sur le terrain, il suffit de les amasser et de les porter hors de la propriété.

Les labours sont beaucoup plus pour purger la vigne des mauvaises herbes, dont elle est ennemie, que pour féconder la terre. Plus la vigne est basse ou tenue près de terre, plus les herbes causent de dommage au bois et au fruit. Si le terrain ne produisait pas des herbes, un seul coup de labour serait suffisant, puisqu'on voit de très-beaux plants de vigne dans des allées sablées, dont la terre n'est jamais remuée, et d'autres dont les racines sont sous des pavés.

Pour que les plants produisent du bon bois et beaucoup de fruits, l'on fume de temps à autre, avec de la terre neuve ou autres engrais, au pied de chaque cep seulement de la vigne en cordons. On appelle terre neuve celle dont les sucs n'ont pas encore servi à la plante pour laquelle on la destine. La terre prise à une

certaine profondeur est neuve pour toutes les
productions ; mais elle ne devient fertile que
par l'action de l'atmosphère et l'influence
des saisons. On ne laboure la pièce à fertiliser
que long-temps après que la terre neuve y a été
soigneusement répandue et qu'elle est bien
divisée : on doit attendre que le temps ait fé-
condé cette terre neuve, surtout si elle a été
extraite d'une fosse profonde. Si l'on mettait
une couche trop épaisse de cette terre neuve,
au lieu de fertiliser, elle produirait l'effet
contraire, tant que l'influence des saisons ne
l'aurait pas bonifiée.

Ce qui vient d'être dit pour fertiliser la terre
neuve ne s'applique pas aux engrais provenant
des animaux ; car autant l'air bonifie la terre
neuve épanchée, autant il détériore le fumier
répandu. Les parties subtiles du fumier, celles
qui sont le plus propres à la végétation, s'ex-
halent et se dissipent avec une telle promptitude
qu'on ne peut les remuer et les transporter
sans une perte notable. Pour ne pas augmenter cette perte, on doit répandre le fumier
aussitôt qu'il est transporté, et de suite le
mettre en terre par le labour.

La terre météorisée, telle que celle des

pelouses ou gazons, convient beaucoup pour rappeler la végétation dans les plants languissants. On enlève la vieille terre qu'on remplace par la nouvelle. Le transport des terres se fait ordinairement pendant l'hiver. Les marcs de raisins sont un bon engrais pour la vigne. Si l'on découvre le pied d'une treille, et qu'on y verse de la lie de vin, on lui donne une nourriture abondante et d'une digestion facile : on couvre de terre la lie.

De la Gelée.

Pour préserver les souches de la gelée, dans la vigne en cordons, on amasse, autour de chacune d'elles, un petit tas de terre, en forme de taupinière. Cette terre, étant plus élevée et plus sèche que le surplus du terrain, empêche la gelée d'avoir autant de prise sur la souche.

Dans le même territoire, il y a des coteaux plus frappés par la gelée que d'autres : quelquefois la cause est connue, mais souvent il est difficile de la saisir. Nous allons examiner quelles sont les positions qui, en thèse générale, sont le plus préservées des gelées du printemps.

La vigne qui reçoit les rayons du soleil levant est moins exposée à la gelée que celle qui ne commence à les recevoir qu'à dix heures, et celle qui ne voit que les derniers rayons du soleil est moins exposée à la gelée que dans toute autre position.

Démonstration.

Le soleil à son lever a peu de chaleur, à cause de l'obliquité de ses rayons, et cette chaleur va en augmentant jusqu'à plus de midi. La vigne exposée au levant dégèle donc lentement, tandis que celle qui ne commence à recevoir le soleil qu'à dix heures dégèle promptement. C'est ce dégel trop prompt qui relâche les fibres des feuilles, en rompt le tissu, et fait qu'elles restent, ainsi que les jeunes pousses, flasques et sans soutien.

Nous avons dit que la vigne, qui ne reçoit que les rayons du soleil couchant, est le plus préservée de la gelée. Ce privilége vient de ce que le dégel est opéré avant que la vigne reçoive le soleil. Malgré cette prérogative, je ne conseille pas de planter la vigne au nord; elle donne peu, et son produit est de mauvaise qualité. Pour exprimer que le soleil est nuisible à la vigne après la gelée, les vignerons ont coutume de dire que c'est le soleil qui gèle. Cette manière de parler est ridicule, mais le sens qu'on y attache est juste.

Personne n'ignore que les productions de la terre sont étroitement liées à l'état de l'atmosphère, et que leurs bonnes ou mauvaises dispositions en dépendent. L'entretien des vignerons et des laboureurs, qui roule ordinairement sur la pluie et le beau temps, ne présente rien de ridicule, puisque la crainte et l'espérance sont les sujets qui occupent le plus notre pensée. Ils ont aussi coutume de chercher à connaître, par le temps présent, celui qui doit suivre, pour se diriger dans leurs travaux.

Sans m'écarter du sujet, ou plutôt le sujet demande qu'il soit posé quelques notions courtes sur les intempéries de l'air ; ce qui pourra aider ceux qui cultivent la terre à connaître un peu les causes qui agissent sur les productions confiées à leurs soins.

Le soleil, qui est la cause première du beau et du mauvais temps, pompe et attire en haut les vapeurs et les exhalaisons de la terre.

Brouillard.

Lorsqu'un amas de vapeurs est à la surface de la terre, on le nomme *brouillard*.

Nuée ou Nuage.

Les brouillards qui occupent la région supérieure sont appelés *nuées* ou *nuages*.

Rosée et Givre.

Les vapeurs qui tombent en gouttes imperceptibles, avant le lever du soleil, forment la rosée. Quand les vapeurs gèlent et tombent, elles produisent la gelée blanche. Le Givre diffère peu de la gelée blanche.

Neige.

Lorsque les vapeurs qui composent le nuage gèlent en tombant et se réunissent, elles forment les flocons de neige.

Pluie.

Les nuées sont composées de vapeurs qui, soutenues en l'air, parcourent plus ou moins de temps l'atmosphère. Quand ces parties délicates se rapprochent et se réunissent, elles forment alors des gouttes pesantes que l'air ne peut soutenir, et ces gouttes sont la pluie. La pluie qui tombe aujourd'hui a déjà monté et descendu un nombre de fois infini.

Gréle et Glace.

Lorsque les gouttes d'eau sont glacées dans l'air, elles forment la grêle. Quelquefois il tombe des morceaux de glace ; ce sont plusieurs grains de grêle qui se sont réunis pendant l'action de la gelée. Il y a peu de différence entre la grêle et la glace : la première se forme en l'air, ét la seconde est l'eau coagulée à terre.

Le paratonnerre a fait imaginer le paragrêle ; ils sont l'un et l'autre basés sur le fluide électrique dont l'air est chargé.

Il est facile de concevoir pourquoi le la-

12

bourage de la vigne est nuisible pendant les
gelées du printemps ; c'est que la terre nouvellement remuée exhale beaucoup de vapeurs
qui s'attachent aux plants, et que ces vapeurs,
gelant sur les feuilles et sur les jeunes pousses,
leur communiquent la gelée.

De la prétendue Gelée causée par la neige.

Quand la neige tombe et reste sur les jeunes
pousses de la vigne, elle peut les faire périr,
ainsi qu'il est arrivé en 1826 dans une partie
de la France. Il était tombé beaucoup de neige
du vingt-neuf avril au premier mai. Voyons
comment s'opère le mal, et voyons comment
on peut l'éviter.

Il est connu que la neige se forme en l'air,
en attirant à elle les parties froides qui l'avoi-
sinent, et que son dégel s'opère par une opération contraire : c'est-à-dire que la neige,
placée sur la vigne, opère son dégel en s'emparant des parties chaudes qui l'environnent.

C'est cet enlèvement du calorique, dont
étaient pourvues les jeunes pousses, qui fait
que la neige fondue les pénètre, leur ôte leur
ressort, les rend molles et les décompose.

C'est improprement qu'on dit en pareille circonstance que la vigne est gelée : ce n'est pas
la gelée, mais bien le dégel seul qui cause tout
le mal; ce qui fait un contre-sens. Pour mieux
faire comprendre que la neige n'a pas encore
fait de mal à la vigne avant la fonte, je vais
rappeler une expérience assez connue.

Lorsque les légumes d'une planche de jardin sont couverts de gelée, on en prévient le
mauvais effet en arrosant avant que la planche
reçoive les rayons du soleil. L'eau qui tombe
de l'arrosoir, en forme de pluie, rompt et
fait tomber la petite glace qui n'est plus à
craindre.

Étant reconnu que la gelée n'a pas encore
atteint la vigne avant le dégel de la neige, il
serait absurde de dire que la neige gèle la
vigne, tandis que la neige dégèle elle-même.
Je le répète, ce n'est pas la gelée qui cause le
mal, mais bien l'eau imbue attirée par le
soleil. J'appelle ce mal causé à la vigne, *decom-
position* et non *gelée*.

On peut encore faire un autre raisonnement
qui fortifie le premier. La nature a le principe
de la distribution et du partage, puisque, quand
un corps est chaud ou froid, sec ou humide,

etc., il communique son état aux corps voisins qui y participent plus ou moins, eu égard à la ressemblance. Voyons quelle part doit avoir une jeune pousse de vigne à la fonte de la neige dont elle est chargée.

On sait que cette jeune pousse n'est encore qu'une eau de sève coagulée et mal affermie ; ce qui lui donne une ressemblance ou rapport avec la neige. Je pense donc que quand la neige se décompose, elle provoque et effectue la décomposition de la jeune pousse par cause d'affinité.

Pour préserver la vigne de la décomposition, il suffit de faire tomber la neige avant son dégel. Il en est de même pour les arbres ; la fonte de la neige décompose les boutons à fleurs. Ce qui est dit pour la neige s'applique également au givre qui fait le même mal, et encore plus souvent que la neige.

Il y en a qui disent : Tant que la neige fondue n'a encore que pénétré les feuilles et les jeunes pousses, la vigne ne peut en souffrir que par une gelée qui arrive subitement après le dégel.

Je soutiens que le dégel n'a pas besoin d'être suivi d'une gelée pour causer le mal, et que le

soleil en est seul l'auteur. Ce mal est le même
que celui que reçoit la vigne trop exposée au
soleil, après une gelée de printemps ; et tous
les vignerons savent que le mal se manifeste
et est ostensible, le jour même de l'accident,
sans une nouvelle gelée.

On dira peut-être que mon avis est contraire
à l'idée reçue jusqu'à présent. J'ai pressenti le
reproche, et je n'appellerai jamais *gelée* le
produit du dégel.

Singulier Effet de la neige.

Si l'on se contentait de dire que plus une
vigne avait été maltraitée par la neige de 1826,
plus elle était devenue fructueuse, beaucoup
de personnes refuseraient de le croire : nous
allons donc expliquer cet événement qui a
besoin d'être démontré.

Les vignes dont les jeunes pousses ont été
atteintes par la neige, mais pas au point de les
faire périr et tomber; ces vignes ont été d'un
faible produit. On conçoit que ces jeunes
pousses ont été languissantes, et qu'elles n'ont
pu nourrir leur fruit.

Pour ce qui est des vignes qui ont été mal-

traitées au point de perdre tout le bois nouveau, ces vignes ont été beaucoup plus fructueuses que celles qui avaient conservé leurs
jeunes pousses. Cette abondance est venue,
de ce que ces vignes se sont trouvées dans le
même état où elles étaient avant de pousser
pour la première fois, et que poussant pour
la seconde fois avec une sève abondante, il est
est survenu de nouveaux brins extrêmement
fructueux. On voit qu'il est plus avantageux
d'enlever une partie malade de la plante que
de la conserver.

Brûlure.

Le printemps neigeux de 1826 a été suivi
d'un été tellement chaud, que, dans une
partie de la France, la brûlure de la vigne a
causé une perte de plus de moitié de la récolte.
Malgré les dégâts du froid et du chaud, il y
avait tellement de fruits, lors des vendanges,
que l'année doit être mise au nombre de celles
abondantes. Quelques jours après la fonte de
la neige et la perte du jeune bois, on pensait
généralement qu'on ne récolterait point de
vin, et l'année a été abondante. Lors de la

récolte, tout le monde pensait que les grandes chaleurs de l'été auraient donné beaucoup de qualité au vin, et l'on a été dans une seconde erreur complète.

Les vins étant faits, j'ai cherché à connaître d'où provenait le manque de qualité dans les vins de 1826, et j'ai vu, d'une manière non douteuse, que ce manque de qualité avait pour cause l'insuffisance de la sève pendant le temps que la maturité se préparait. En effet, les feuilles étaient desséchées, et dans cet état elles ne pouvaient plus procurer leur contingent de sève, laquelle est plus spiritueuse que celle produite par les racines.

Composition du Vin.

Sauf la censure de ceux qui ont horreur de l'eau dans le vin, on peut dire que le vin n'est autre chose que de l'eau travaillée par trois agents principaux. Ces agents sont : 1°, le terrain qui fournit au plant l'eau qu'on appelle sève ; 2°, le plant qui élabore cette eau en la distillant ; 3°, le soleil qui achève le travail de la conversion de l'eau en vin.

Action du soleil.

Tout le monde sait que la vigne demande à être bien exposée au soleil : cependant un temps sombre et couvert lui convient quelquefois. Si, après une gelée de printemps, le soleil ne paraît pas, la gelée ne cause pas ordinairement de dommage.

Le temps couvert convient encore à la vigne après les fortes rosées et les pluies. Si, la vigne étant mouillée, le soleil est ardent, alors la trop grande attraction qui se fait sur l'eau, dont sont imbues les feuilles et les jeunes pousses, grille la vigne et cause la maladie appelée *rouget*. Ce mal est ainsi appelé, parce qu'il fait rougir la vigne. C'est une expérience fort simple, qui a achevé ma conviction, que la cause du rouget était celle dont il est question.

J'ai fait tremper dans un vase d'eau, pendant vingt-quatre heures, une branche de vigne avec ses feuilles, et j'ai ensuite exposé au grand soleil cette branche, qui n'avait pas été détachée de la souche. Peu de temps après, le rouget s'est manifesté, et les feuilles ont été desséchées. Le surplus du plant n'a pas été atteint par la maladie. Les bienfaits et les disgrâces ont quelquefois un auteur commun: si le soleil est l'âme de la vigne et la vivifie, il se réunit aussi quelquefois à la gelée et à la pluie pour porter préjudice à cette plante.

La vigne n'est pas la seule plante qui court le danger du rouget : cette maladie est commune à tous les végétaux. En 1828, une dame à laquelle on avait donné des plants de choux cabus d'une grosseur extraordinaire, crut devoir les arroser sur les feuilles, tous les matins, vers les dix heures. Je les ai vus perdus par le rouget qui avait desséché les feuilles, et avait rendu les choux rachitiques, à l'exception de deux qu'un espalier avait mis à l'abri du soleil. Pendant l'été, on arrose les feuilles dans un temps sombre, et l'on arrose seulement le pied de la plante, quand il fait soleil, ou qu'il est près de paraître. C'est pour éviter le rouget que le jardinier met quelquefois une espèce de panier ou petite ruche sur ce qu'il plante.

Il est essentiel qu'un propriétaire de vignes connaisse les soins qu'il faut lui donner, pour diriger ceux qu'il emploie, faire travailler en

13

temps utile, et prévenir ou réparer les fautes des ouvriers. Quand vous faites choix d'un vigneron, prenez un homme probe et non propriétaire de vignes. Les vignes marchandées en tâche sont rarement aussi belles et aussi productives que celles des vignerons. La plupart ne se donnent pas la peine de découvrir le pied du plant, pour enlever les rejets qui en causent l'appauvrissement ; ils font et vendent les marcottes à l'insu du maître ; ils font payer comme provins des brins qui ne sont que des chapons ; la convention porte trois coups de labour, ils n'en font que deux ; ils mettent, à leur profit, des plantes étrangères dans la vigne ; l'échalas est une partie délicate, etc. A la seule inspection, l'on distingue les vignes qui appartiennent aux vignerons de celles dont la culture est marchandée. Ils emploient aux travaux de leurs propres vignes le temps le plus convenable (ce qu'ils appellent les *bons jours*), et travaillent à celles qui leur sont confiées, sans considérer si le temps est convenable ou contraire. Je connais un propriétaire qui, traitant avec son vigneron pour façonner sa vigne au pied de laquelle est un chemin, imposa cette seule clause : *La vigne sera façonnée de manière à faire croire aux passants qu'elle appartient à un vigneron.*

Il est des vignerons qui ne considèrent uniquement que le salaire qui leur est promis, sans songer à la perte qu'ils font éprouver à ceux qui les emploient. Un propriétaire, passant dans sa vigne, un jour de gelée de printemps, trouva son vigneron qui la labourait, travail qui était nuisible à raison de la gelée. « Bonjour, monsieur, dit le vigneron. — Les *bons jours* sont pour toi et non pour moi, répondit le maître, et il le congédia. »

Pour l'entretien annuel des échalas, le propriétaire a coutume de restreindre la fourniture que demande le vigneron. Dans ce cas, l'épargne est mal placée ; on doit seulement s'assurer du bon emploi. Quand la vigne droite n'a pas assez d'échalas, le vigneron est dans la nécessité de rassembler trop de branches, et de les lier en fagots dont le milieu est privé d'air et de soleil.

Après avoir signalé quelques infidélités des vignerons, nous continuerons d'examiner ce qu'il convient de faire pour l'entretien de la vigne.

Quand une souche est trop vieille , et qu'un gourmand sort de ses racines , on le conserve pour faire une nouvelle souche. Si la vieille souche ne produit pas de gourmand, on la tronçonne au niveau de la taupinière pour obtenir un gourmand. Si l'on coupait la souche entre deux terres , il arriverait souvent qu'elle ne repousserait pas.

On doit couper proprement la vigne , et avoir une scie en *tire-bottes*, pour les cas où la serpette ne suffit pas (Voyez la figure 2ᵉ.). Les souches et tout le gros bois se coupent avant l'hiver. Pour prévenir les effets de la gelée, on couvre d'un peu de terre la souche coupée.

Lorsqu'on coupe une souche ou une grosse branche de vigne au printemps, la perte de la sève est souvent si considérable qu'elle produit la mort du cep. Le remède, pour prévenir ce mal, est de ne jamais couper , après l'hiver, une souche ou une grosse branche , sans appliquer sur la coupure du suif amolli , que l'on étend fortement avec le pouce. Lorsque la souche est morte , on lui substitue un nouveau plant.

Précaution contre l'hiver.

Dans quelques vignobles, on abaisse et l'on met en terre les souches et tout le bois de la vigne. Cette opération se fait un peu avant l'hiver ; et, quand les froids sont passés, on remet la vigne debout sur le sol.

L'emploi de ce moyen procure deux avantages : 1°, la vigne n'est pas atteinte de ce que l'on appelle *gelée d'hiver* ; 2°, elle est plus productive. Le premier avantage n'a pas besoin d'être démontré ; voyons quelle est la cause d'une plus grande production. Tant que la vigne est couverte de terre et privée de l'air, elle n'a pas de sève, ou en a très-peu. Quand la vigne reparaît sur le terrain et qu'elle reçoit l'air, la lumière et les rayons du soleil, alors la sève vient avec promptitude, avec abondance, et la pointe du jeune bois, ainsi que le germe du raisin, percent et sortent d'autant plus facilement, que le plant a été amolli dans la terre. Quand la sève commence lentement son cours, elle procure peu de fruit. On ne doit pas trop se presser pour découvrir la vigne. Ce bon usage, dont nous venons de parler, serait plus suivi, s'il était moins dispendieux.

Provinage.

Provigner, c'est coucher en terre une ou plusieurs branches, afin de multiplier les plants et les renouveler. Il y a deux manières de provigner, l'une passable et l'autre mauvaise.

La première consiste à coucher profondément en terre le milieu d'une branche, sans la séparer de la mère, qui est sa nourrice, pendant une ou deux années. Après ce temps, on sèvre le jeune plant, en coupant la partie qui est restée visible entre le vieux et le nouveau plant. Le provinage se fait ordinairement avant l'hiver. Cette manière de provigner est passable, quoique le jeune plant altère un peu sa mère. Quand un plant manque, j'aime mieux le prendre dans la pépinière que de le provigner.

La deuxième manière de provigner, qui est la plus commune, consiste à faire une grande fosse, dans laquelle on distribue çà et là les membres des ceps voisins, pour en faire

autant de jeunes plants qu'on couvre de terre.
On ne sèvre pas les nouveaux plants : tous les
membres de la famille restent joints les uns
aux autres, et tous sont debout sur l'arbre
généalogique. Par le provinage réitéré, le
plant primitif peut se trouver au bas de la
vigne, et sa progéniture dans le haut d'une
longue pièce.

Cette manière de provigner à bois perdu est
une opération dont l'interdiction est comman-
dée par trois raisons principales :

1°. Cette mauvaise manière d'opérer est
trés-dispendieuse ;

2°. Les provins s'emparent de la sève, et
ces enfants dénaturés font languir et même
mourir de pénurie leurs ascendants ;

3°. Le tissu des racines, qui se fait graduellement, cause non-seulement l'appauvrissement de la terre ; il produit encore l'échauffe-
ment, la moisissure, l'étiolement, la carie, la
corruption et autres maladies qui se communiquent, et le mal devient général.

La vigne trop vieille ne paie pas les soins
qu'on prend d'elle : la détruire n'est donc pas
une perte. Au lieu de la provigner à bois perdu, il convient beaucoup mieux de l'arra-

cher, et quelques années après la replanter à neuf. Nous disons quelques années après, parce que, les sels propres à la nourriture de la vigne étant épuisés, on doit leur donner le temps nécessaire pour se reproduire.

Si l'on ne se détermine pas à arracher la vigne dépérissante, il faut au moins la rajeunir, ce qui se fait en coupant toutes les souches au niveau du terrain. On manquerait l'opération si l'on se contentait de couper çà et là quelques plants ; l'exploitation doit être entière, parce que les plants qui resteraient seraient nuisibles aux nouveaux rejets.

L'année qui suit cette opération est nulle pour la récolte, et le produit de la seconde année est faible ; mais on est dédommagé par les récoltes suivantes.

Si la vigne est restée sans culture pendant une ou deux années, il n'y a que deux moyens à employer : celui de couper contre terre, ou d'arracher.

Ce qui vient d'être dit s'applique beaucoup plus à la vigne dont les plants sont épais, qu'à la vigne en cordons qui ne se provigne pas.

Après avoir parlé de l'entretien de la vigne, disons quelque chose des treilles accolées contre les murs.

~~~~~~

DES TREILLES ADOSSÉES AUX MURAILLES.

On voit peu de treilles dans les pays qui ne sont pas vignobles, parce qu'on ne sait pas les gouverner. De ce qu'il n'y a pas de treilles dans un pays, il ne faut pas se persuader qu'elles ne peuvent y réussir, et que le lieu est frappé de stérilité : on peut cultiver la treille, contre un mur exposé au soleil, dans tous les arrondissements de la France. Ceux qui doutent du succès, par rapport à la localité, ont presque toujours une crainte mal fondée. Il est facile de se procurer et d'avoir sous sa main un fruit délicieux qui demande peu de soin. Trop souvent l'insouciance diminue nos ressources, et nous impose des privations mal entendues. Ne pas appliquer une treille contre un mur qui lui est propre, et ne tirer aucun avantage de l'emplacement, c'est dédaigner les offres de la nature. Un cordon bien dirigé fait l'ornement de la maison qui en est tapissée,

14

il flatte l'œil du passant, et annonce un propriétaire qui sait mettre à profit les moyens
qui lui sont offerts. Une treille paie largement
les soins qu'on prend d'elle.

Une pièce de vigne en cordons étant un
assemblage de treilles, ce qui a été dit pour la
vigne en grande pièce convient donc à la
treille ; nous y ajouterons seulement quelques
observations.

Le cordon s'établit à l'élévation que le local
demande. On peut faire plusieurs cordons, à
différentes élévations, si la muraille le permet.
On pourrait faire plusieurs cordons les uns
au-dessus des autres avec le même plant ; mais
cette opération ne convient pas, tant parce
que le plant serait chargé de trop de branches
principales, que par la difficulté de renouveler
le bois convenablement. Au lieu de faire plusieurs cordons avec le même plant, on multiplie les souches, et l'on ne donne à chaque
plant que deux mères-branches, et une seule
ligne horizontale. On laisse un espace vide
entre chaque cordon.

On peut planter contre les murs, à toutes
les expositions solaires. Si le raisin placé
au nord n'acquiert pas la maturité, on

l'emploie comme verjus, ou acide, dans la cuisine.

Pour qu'un cep ait un plus grand nombre de racines, et par conséquent plus de vigueur, on le plante à plusieurs pieds de l'endroit où l'on veut que sa tige soit par la suite. Quand le plant a suffisamment poussé, on le couche en terre assez profondément, et sa tige se place dans l'endroit où l'on veut qu'elle reste. Un cep unique ou isolé a peu de mérite, attendu la difficulté de renouveler son bois.

Si le local ne permet pas de donner à un cep deux mères-branches, on ne lui donne qu'une branche principale. Dans ce cas, on peut laisser une plus grande distance entre les plants que dans une pièce de vigne. On peut les mettre à dix ou quinze pieds les uns des autres.

Le treillage se fait à peu de frais, avec du fil de fer arrêté par des clous fixés dans le mur. On peut aussi faire le treillage en bois.

Si le cordon est à une grande élévation, son fruit ne jouit pas des exhalaisons de la terre autant que celui d'une pièce de vigne; mais en échange il est plus échauffé par les rayons du

soleil, et il reçoit un air plus libre. J'ai cependant remarqué que le muscat dit *épicé*, qui a
la peau très-dure, a besoin d'être près de
terre, et d'en recevoir les évaporations,
pour s'amollir et parvenir à une véritable
maturité.

En parlant du renouvellement du bois,
nous avons dit combien cette opération est
essentielle, et nous en avons déduit les effets
qui sont de rendre la récolte beaucoup plus
abondante.

On fait aussi des treilles en cordons, sans
les appliquer à des murailles. Le bois flexible
de la vigne traverse une allée de jardin, une
cour, une rue, à l'élévation que l'on juge à
propos de lui donner. On soutient le cordon
en l'air avec du fil de fer attaché, aux deux
extrémités, à des murs, poteaux, ou arbres.
Pour un cordon de cette espèce, on plante
un cep à chaque extrémité, pour se rejoindre
et se renouveler. Le pavé d'une cour n'est
pas un obstacle pour planter un cep de vigne,
on peut paver sur ses racines.

Pour donner plus de qualité aux raisins
blancs que l'on destine pour la table, et les
faire jaunir, il suffit de les plonger dans un

vase d'eau, pendant l'ardeur du soleil. Cette opération se répète trois ou quatre fois, quelque temps avant la maturité. Il faut plonger le fruit attaché à la branche, et non l'asperger, parce que l'eau qui tomberait sur les feuilles pourrait produire le rouget.

Pour mettre une vieille treille en cordons, on peut la diriger petit à petit, ou couper le plant près de terre. Ce dernier moyen est ordinairement plus expéditif et le meilleur.

Lorsqu'une treille est près d'une fenêtre ou d'une imposte, on peut la diriger dans l'intérieur, et l'appliquer aux murs ou au plafond d'un corridor, d'une salle, ou autre pièce. La verdure et les raisins, qui se conservent très-long-temps sur les guirlandes, forment un bel ornement. On conçoit que la treille ne doit être mise dans l'intérieur qu'à la maturité du fruit, et qu'on doit la faire sortir après l'hiver.

La vigne se dirige où l'on veut; il n'est pas extraordinaire de faire passer des plants dans des trous faits à un mur, pour tapisser le parement extérieur contre lequel on ne peut planter.

Quelquefois la souche de la treille qui paraît

mauvaise et usée n'a besoin que d'être débar-
rassée de la mousse qui la ruine. Dans ce cas,
il suffit d'imbiber la mousse d'un lait de chaux
vive, pour la détruire et donner au plant une
nouvelle vigueur. Ce moyen est aussi employé
pour enlever la mousse des arbres, et pour
détruire la *galle-insecte*. C'est un amas d'insec-
tes presque imperceptibles, et sans mouvement
apparent, qui se collent sur l'écorce de l'arbre
et le font périr. Ces animaux sont appelés
galle-insecte, parce que la peau de l'arbre
paraît seulement galeuse à ceux qui ne les
connaissent pas.

Le but des travaux du vigneron est la
vendange qui sera l'objet de l'article suivant.

VENDANGES.

La maturité du raisin se reconnaît à ces signes : Queue brune, grappe pendante, grains amollis, transparents et faciles à détacher, suc doux, pépins fermes et non glutineux.

La vendange se fait, autant qu'il est possible, par un temps sec. Je ne m'occupe pas des vins qui demandent des procédés particuliers; le temps sec indiqué pour la vendange ne conviendrait pas au vin mousseux, qui veut que le raisin soit cueilli pendant la rosée.

C'est mal à propos qu'on se sert de la serpette pour cueillir le fruit de la vigne ; elle ébranle le raisin qu'on tient à la main, encore davantage ceux attachés au même plant; fait tomber les meilleurs grains, et cause une perte notable. Les ciseaux sont bien préférables à la serpette, parce qu'ils n'ébranlent rien, et coupent la queue près du fruit, ce qui ôte de l'amertume au vin.

Le raisin coupé dans un temps chaud fer-

mente plus promptement et avec plus de force
que celui qui est récolté pendant la rosée ou
la pluie.

Lorsque l'année est tardive, et que le raisin
ne mûrit que difficilement, on peut enlever
une partie des feuilles, et couper le sommet
des pousses, une huitaine avant la vendange,
afin que le raisin reçoive plus de soleil. Quand
le raisin est atteint de la gelée, c'est en vain
qu'on étêterait, on ne doit plus attendre la
maturité ; plus on retarde à couper le raisin
gelé, moins il est bon.

Le triage du raisin est essentiel pour faire le
bon vin : si l'on met avec les meilleurs raisins
ceux qui ne sont mûrs qu'en partie, ou qui
sont secs ou pourris, on diminue singulière-
ment la qualité du vin. Les grains verts donnent un goût âpre, et disposent à aigrir ; les
pourris sont un levain de moisissure et de
corruption ; les secs boivent et donnent une
saveur acide.

Le fruit doit être plus mûr pour le vin
rouge que pour le vin blanc.

On ne peut trop se hâter de mettre la vendange sur le pressoir, pour faire le vin blanc,
notamment quand on le fait avec des raisins
noirs.

Le rouge du vin ne vient pas directement du jus du raisin, il est le résultat de la fermentation qui décompose l'enveloppe du grain. Dans le raisin blanc, la fermentation donne la couleur jaune.

En 1816, lorsque le raisin commençait à peine à prendre la teinte noire, on a éprouvé une forte gelée, et, dans un grand nombre de communes chargées de vignes, on n'a pas fait une bouteille de vin. Ceux qui avaient employé les raisins à faire des rapés n'ont pu en faire usage, parce que les raisins gelés causent un goût qui répugne. A cette époque, il n'y avait ni vin vieux ni nouveau; et, pour se procurer une boisson, il a fallu confier aux fruits sauvages le rôle des raisins.

En 1822, la récolte a été si précoce, que plusieurs vignobles de la Côte-d'Or (Bourgogne) ont fait la vendange au mois d'août. Cette année le beau temps s'est prolongé, et on a fait une seconde récolte, dans les communes où l'on avait fait défense de grapiller. Les automnes de 1811, 1818, 1827 ont également permis des secondes vendanges, trois semaines après les premières.

En 1828, la vendange a été extrêmemen

15

abondante. L'année a été pluvieuse , le raisin avait plusieurs couches de grains , et, quoique la gelée n'ait pas fait hâter la vendange , il n'a pu mûrir. Les caves étaient remplies de vins vieux, et, au lieu d'acheter des tonneaux, on a enfoncé ce vin de peu de qualité dans les cuves. Jamais la vendange n'a causé tant d'embarras.

En 1811, on a fait suffisamment de vin, et sa qualité était bien supérieure à celle de toutes les récoltes que les anciens pouvaient se rappeler. On a donné à ce vin le nom de *Vin de la comète*, parce qu'on attribuait sa supériorité à l'influence d'une grande comète qui se promenait alors sur notre horizon.

En 1814 , les armées des Puissances alliées ont occupé et couvert la France : les soldats, qui ne connaissaient de la langue française que le mot *comète* qu'ils répétaient sans cesse, se gorgeaient les jours et les nuits de ce nectar qu'ils ont épuisé, et, de cette incomparable récolte, ils n'ont laissé que le souvenir.

Une injure nous a été faite, et une grande indemnité nous est due. C'est dans l'amélioration de la culture de la vigne que nous trouverons la vengeance et l'indemnité , puisque l'amélioration nous procurera une vente plus considérable, et la faculté d'augmenter, à volonté, le tribut que nous sommes en possession de lever sur ces gosiers arides.

Nous allons faire quelques réflexions sur les récoltes très-abondantes en vin, et sur celles qui n'offrent que peu de fruits à cueillir.

Dans ces deux extrêmes, le vin est rarement bon. Quand la récolte est très-abondante, alors les raisins sont gros et ont ordinairement plusieurs couches de grains, ce qui nuit à la maturité, et par conséquent à la qualité du vin. Quand, après une belle apparence, la récolte ne présente que peu de fruits, cela vient des maladies de la vigne; et ces maladies sont contraires à la qualité du vin. On peut donc dire que la grande quantité de fruits, ainsi que le trop peu, sont rarement accompagnés de la qualité. Ce sont les récoltes moyennement abondantes qui donnent le bon vin, eu égard au sol et à la qualité du plant. Ces règles qui ne sont pas invariables ont peu d'exceptions.

Il n'est pas extraordinaire de voir cinq ou six récoltes successives d'un produit presque nul, et de voir aussi quatre ou cinq années de suite d'un produit plus quordinaire.

La cause qui agit le plus puissamment dans ces rencontres est le bon ou mauvais état du bois de la vigne. Quand le bois est malade, par défaut de maturité ou autrement, les pousses qu'il produit, l'année suivante, sont languissantes et de mauvaise qualité ; les contre-temps lui font plus de mal que les temps favorables ne lui font de bien. Le mal continue d'année à autre, et pendant toute la durée du mauvais état du bois, le fruit est mal nourri, il est faible et toujours prêt à tomber. Voilà la principale cause des mauvaises récoltes qui se succèdent sans interruption.

Quand le bois de la vigne est bon, son état de santé, la vigueur de son organisation lui font supporter sans altération les accidents. Ce bon état du bois se conserve tant qu'il n'arrive pas de contre-temps extraordinaires et trop violents ; et, pendant tout ce temps, les fruits sont abondants, bien nourris, et juteux. C'est donc le bon état du bois qui procure les récoltes abondantes qui se suivent.

La grande abondance produit l'effet singulier de ruiner le vigneron qui s'occupe continuellement avec sa famille à façonner ses propres vignes. Quoique l'abondance semble opposée à la ruine, il est vrai de dire que la première produit la seconde dans les pays où le vin ne se garde pas.

L'abondance amène avec elle des difficultés que les faibles ressources du vigneron ne peuvent vaincre, et tout se ressent de l'embarras dans lequel il se trouve. En effet, l'abondance en vin, qui ne reconnaît pas de rebut dans les futailles, les a fait payer fort cher, quoique de mauvaise qualité, et a également élevé le prix de la main d'œuvre, des transports, etc. Un tiers de la récolte a suffi pour remplir les cuves de ce vigneron, ce qui l'a obligé à discontinuer la vendange, pour la reprendre après que ses cuves seraient vides ; trop occupé, ses cuves n'ont pas été soignées, et le vin y est resté trop long-temps, parce que les pressoirs ne pouvaient pas suffire ; son local n'était pas assez grand pour placer convenablement ses vins, il les a entassés, comme il a pu ; des tonneaux qu'il croyait pleins sont vides, le vin a coulé ; des vieux tonneaux ont donné un mauvais goût au vin ; enfin les acheteurs, dont le nombre n'est pas proportionné à celui des vendeurs, sont maîtres du prix des vins, et la futaille se donne presque au même taux qu'elle a été achetée vide.

Voilà la position de ce vigneron; et cet homme ne peut retarder sa vente, parce qu'il éprouve des besoins; et que son vin ne se garde pas.

C'est la grande abondance, on pourrait dire la stérile abondance, qui a causé la misère du père de famille dont nous parlons, puisque la majeure partie du produit est absorbée, tant par le prélèvement des dépenses de la récolte, que par les pertes, et qu'il ne reste rien, ou peu de chose, pour le paiement des travaux de la famille pendant toute l'année.

Si la grande abondance est nuisible à quelques-uns, elle est un bien pour la France sous plusieurs rapports, notamment parce qu'elle donne lieu à une plus grande exportation.

Après avoir fait part des remarques et observations que j'ai faites dans l'étude de la vigne, il n'est pas inutile de faire connaître les avantages de celle en cordons.

AVANTAGES DE LA VIGNE EN CORDONS.

LA plantation telle que nous l'avons con-
seillée est moins dispendieuse que celle de la
vigne ordinaire, puisqu'il faut moins de four-
nitures et moins de travail.

Son entretien est plus facile, exige moins
de peine et moins de dépenses.

Tandis que la jeune vigne croît et se fortifie,
on peut occuper une grande partie du terrain
à la culture de la pomme-de-terre, des haricots, etc.

Elle se laboure plus facilement que la vigne
dont les plants sont serrés et sans ordre : le
vigneron agit avec aisance, et l'outil joue
librement.

La taille n'est pas pénible; c'est un travail
qui a de l'attrait pour celui qui l'a étudiée et
qui la connaît.

Le treillage ne se replace pas chaque année
comme dans les vignes ordinaires, il suffit de
l'entretenir.

Au lieu d'attacher à un échalas une touffe de branches, dont le milieu est privé d'air et de soleil, les pousses s'accolent séparément, ou seulement deux ensemble, à la traverse ou ligne du haut.

L'ébourgeonnement est facile; mais il demande de l'attention, surtout relativement aux alonges et aux pousses que l'on destine à être remplaçants, pour servir à la rénovation du bois. On doit toujours prévoir quelle sera la taille de l'année suivante.

La gelée est moins à craindre pour les vignes en cordons que pour les autres, parce que tout son fruit est à une distance suffisante de la terre, tandis que, dans les autres vignes, une grande partie du fruit est trop près de la terre.

Dans les vignes ordinaires, une grande quantité de raisins pourrissent, parce qu'ils sont posés à terre, sont chargés de boue, et sont privés de la circulation de l'air : ce dépérissement n'a pas lieu dans les vignes en cordons.

La coupe du raisin se fait avec la plus grande aisance, et il s'en trouve peu qui échappent à la vue des vendangeuses.

La vigne en cordons ne se provigne pas, ce qui évite une forte dépense ; et les plants sont exempts des maladies que le provignage occasionne par le tissu et l'encombrement des racines.

Les ceps n'étant pas en aussi grand nombre, la terre n'est pas autant effritée et épuisée.

Pour améliorer la vigne avec de la terre neuve, ou autres engrais, il suffit d'en environner la souche, tandis qu'il faut en répandre partout dans les vignes épaisses.

Le bois mûrit mieux, et les fruits ont une maturité plus égale dans les vignes en cordons que dans celles dont les brins sont rassemblés en touffes.

La ligne horizontale, que suivent les plants en cordons, donne la facilité de remplacer le vieux bois par du jeune : cette opération est impossible dans les vignes dont les plants s'élèvent en ligne droite, et conservent la perpendiculaire. C'est principalement dans le renouvellement du bois que consiste le mérite de la vigne en cordons.

Il est d'expérience que la vigne en cordons produit beaucoup plus que la vigne ordinaire.

16

Cette grande production vient de ce que les plants se rajeunissent les uns après les autres, sans laisser de lacunes dans le cordon. Ce n'est que sur le jeune bois que Bacchus dépose ses libéralités.

Il n'est que trop certain que la vigne court souvent des dangers que le travail et la prévoyance ne peuvent détourner : elle exige des soins , et le succès est encore soumis à la volonté de celui qui gouverne tout.

MOYEN

QUE LE GOUVERNEMENT POURRAIT EMPLOYER
POUR L'AMÉLIORATION DES VINS.

En France, les vignes sont presque toutes
d'espèces mélangées ; on y rassemble toutes
les variétés, et le grand nombre pense que
cette accumulation d'espèces différentes est en
faveur des qualités du vin. On est dans une
fausse croyance : loin que cette culture
d'amalgame soit en faveur du vin, elle lui est
tout-à-fait contraire ; ce qui est facile à
démontrer.

Lors de la vendange, la maturité n'est pas
uniforme ; il est trop tard pour des espèces
et trop tôt pour d'autres : il y a autant de
variations dans la maturité, qu'il y a d'espèces.

En supposant la maturité dans toutes les
espèces, elles ne sont pas également bonnes ;
donc le vin des mauvaises espèces détériore
celui des bonnes.

Parmi les vins, les uns sont d'une courte

durée , et les autres d'une très-longue. Si le simple voisinage d'un fruit qui se gâte est une cause de corruption pour ceux qui sont près de lui , la mixtion des vins est une cause encore plus puissante. Il est hors de doute que, quand l'un des vins mélangés se gâte, il occasionne la perte des autres.

Les plants d'espèces différentes se fécondent mutuellement ; la fécondation donnée au bon plant par un mauvais abâtardit le fruit, et elle est contraire à la quantité et à la qualité du fruit et du vin.

Si quelquefois le mélange de deux vins produit un bon effet pour le goût ; ce goût amélioré provient d'un mélange étudié : il ne peut être le résultat d'une multiplicité de goûts qui se contrarient. Il est encore à observer qu'un mélange, qui peut convenir pour le goût, peut être mauvais pour la garde.

On vient de voir qu'en cherchant l'amélioration du vin dans la réunion des espèces différentes , on s'en écarte tellement que la marche est inverse. L'examen suivant achèvera de convaincre que, jusqu'à présent, la science œnologique est encore au berceau.

Quel est le goût et quelle est la durée du vin de chaque espèce de plants ?

Voilà une question dont la solution pourrait paraître l'A, B, C de la science œnologique; et cette solution est encore à trouver.

La saveur d'un raisin, mangé comme fruit,
n'indique pas la qualité de son vin. Le palais
ne peut prévoir la qualité, puisque des raisins,
qui le flattent agréablement, donnent souvent
un mauvais vin ; tandis que d'autres, qui ne
sont pas agréables à la bouche, donnent un
vin délicieux. Cette différence vient de ce que
la conversion du fruit en liquide, la fermentation, le dépouillement et les autres opérations secrètes de la nature opèrent un changement que le palais ne peut prévoir par la
dégustation préalable du fruit. Puisque le palais
ne peut distinguer le goût du vin par la saveur
du fruit, il est encore plus incapable d'en
connaître la durée.

Il est vrai qu'il y a des espèces cultivées
séparément, dont on connaît le goût et la
durée du vin, abstraction faite du climat; mais
ces espèces d'une culture séparée, ces espèces
privilégiées sont en très-petit nombre. Il y a
donc une grande quantité de plants dont on
ne connaît ni les goûts, ni les durées de leurs
vins. On doit convenir qu'on ne peut bien

opérer sans avoir au moins ces premières notions. D'ailleurs la connaissance acquise sur un vin dont le plant est cultivé séparément, n'est guère que pour le pays où cette culture se fait, et n'est pas une connaissance générale.

Le propriétaire de la vigne ne veut pas avoir tort, il accuse le sol des défauts du vin, tandis qu'ils proviennent ordinairement de l'ignorance. Ne laissons plus le hasard présider à la confection du vin ; il mérite, surtout en France, qu'on s'occupe de son amélioration.

Si ma faible voix pouvait être écoutée, j'exposerais au gouvernement la nécessité d'établir une vigne, dans laquelle chaque espèce de plants serait cultivée séparément, et le produit de chaque espèce serait mis en vin aussi séparément.

En supposant quarante espèces, et donnant à chacune vingt-cinq ares, il ne faudrait que dix hectares pour toute cette culture.

Chaque année, on rendrait publics les différents résultats qu'on obtiendrait sur la culture et sur le vin de chaque espèce. Par ce moyen, le préposé à l'établissement et ses collaborateurs bienveillants étudieraient pour tout le monde, puisque chacun pourrait avoir par écrit les fruits de cette étude. Nul moyen n'est plus puissant pour remplacer les préjugés par une pratique raisonnée.

Cette *vigne-modèle et d'instruction publique* procurerait l'amélioration de nos vins, comme le gouvernement a déjà amélioré plusieurs branches d'industrie. Cet établissement serait d'une dépense modique pour l'état, d'une exécution facile, et d'un succès non douteux. Le gouvernement, qui jusqu'à présent ne s'est occupé du vin que sous le rapport de l'impôt, ne peut manquer d'accueillir favorablement cette juste réclamation, sollicitée par l'intérêt public.

vvv

OBJECTIONS ET RÉPONSES.

_____

Si, dans cet article, il se trouve quelques répétitions de ce qui a été dit auparavant, on verra que cette espèce de discussion contradictoire est plus propre à faire distinguer le vrai du faux que toute autre locution.

Objection. Vouloir s'écarter de la route tracée par les anciens, pour chercher des améliorations en agriculture , c'est courir après des chimères.

Réponse. Il est généralement connu que, depuis trente ans environ, l'agriculture a fait des progrès , et qu'ils proviennent des changements faits aux méthodes des anciens. Les connaissances viennent par degré , nous ignorons beaucoup de choses que nos successeurs possèderont. Leur expérience sera plus grande que la nôtre , parce qu'ils joindront aux découvertes faites par ceux qui nous ont précédés celles qui appartiennent à notre temps.

Objection. Le vigneron de cabinet est sujet

à l'erreur : vous avez conféré avec des vignerons ignorants qui n'ont pu vous donner que
de fausses connaissances.

Réponse. A la théorie j'ai toujours joint la
pratique, en soignant la vigne de mes mains.
Je n'ignore pas que ces deux sœurs veulent
aller ensemble, et je me suis conformé à leur
volonté. Je me suis entretenu avec de bons et
de mauvais vignerons ; et ceux qui ont dérai-
sonné m'ont souvent fourni plus d'occasions
de m'instruire que les autres.

Quand on croit une méthode bonne, on
l'adopte sans examen. Quand au contraire on
soupçonne la méthode vicieuse, on est naturellement porté à raisonner, pour en trouver
une meilleure : ce que j'ai fait. Vous voyez
qu'un avis erroné n'est pas toujours sans
valeur, et qu'il peut avoir une grande part à
la découverte de ce qu'on cherche.

Objection. En agriculture, les raisonnements
qui ne sont pas accompagnés de l'expérience
sont souvent fautifs.

Réponse. Le mode que j'indique est le résultat d'une étude particulière et d'une longue
pratique personnelle, dont le bon effet est
attesté par les autorités locales.

17

Objection. La France recueille assez de vin pour sa consommation, le surplus serait inutile.

Réponse. En supposant que la France produit assez pour ses habitants, elle ne produit pas assez pour les étrangers : une plus grande production augmenterait l'exportation, et par conséquent les revenus publics et particuliers.

Objection. Le *Traité sur la Vigne* est beaucoup trop long, il suffisait d'indiquer brièvement les opérations, pour ne pas exiger du vigneron tant de réflexions.

Réponse. Celui qui travaille avec discernement se complaît dans son occupation ; il a une jouissance dont est privé celui qui agit machinalement, et il y trouve un allégement à la fatigue du corps. Puisque le créateur nous a donné l'intelligence et la force des bras, c'est pour faire usage de ces dons. La paresse de l'esprit fait plus de tort à l'agriculture que la paresse des bras.

Objection. Les vignerons ne sont pas susceptibles d'instruction ; c'est mal à propos qu'on cherche à les détourner de la routine.

Réponse. Je ne partage pas votre opinion, quand vous dites que les vignerons ne sont pas propres à recevoir l'instruction. Je soutiens que la plupart ont un bon jugement, et que ce n'est que l'occasion de s'instruire qui leur manque.

La nature indique aux vignerons et aux laboureurs de suivre la routine tant qu'ils n'en connaissent pas les vices. Soulevez le voile qui couvre les défauts, donnez l'élan, et vous aurez fait le plus difficile. C'est alors que vous verrez leur assoupissement disparaître comme l'ombre, et vous serez bientôt forcé de leur accorder l'intelligence que vous leur refusiez.

Objection. L'emploi du fil de fer est une innovation dispendieuse qui n'aura pas de partisans ; il est ridicule de condamner les petits échalas pour les remplacer ainsi.

Réponse. Quand la vigne est montée en fil de fer, c'est pour long-temps sans nouvelles dépenses ; tandis que tous les ans il faut remplacer un grand nombre de petits échalas. Je vous invite à faire le calcul comparatif des dépenses.

Objection. La vigne horizontale n'est pas plus productive que la vigne droite, son attitude n'entre pour rien dans son produit ; cela ne peut séduire que les amateurs de nouveauté.

Réponse. C'est en combinant trois opérations de la nature qu'on découvre la cause
d'un plus grand produit, dans la vigne en cordons, que dans la vigne droite. Cette différence
vient de ce que la taille de la vigne droite, qui
tend toujours à la rabaisser près de terre, ne
laisse que les boutons stériles; tandis que la
taille de la vigne horizontale conserve les
boutons éloignés ou abondants. (Voyez ce
qui est dit, pag. 78.)

Objection. Je suis ennemi de la vigne en
cordons, parce que cette culture est contraire
à la qualité du vin.

Réponse. Votre croyance est mal fondée :
la vigne en cordons tend plus à améliorer le
vin qu'à l'appauvrir. La chose essentielle est
de pouvoir rendre la vigne abondante.

Je vais poser quelques faits bien connus.
Le plant appelé *Pinot* est réputé produire le
meilleur vin; et, malgré cette grande qualité,
les vignes emplantées uniquement de pinot
sont en petit nombre. Ce vin est recherché,
et le plant qui le procure est rejeté. Si vous
interrogez les propriétaires de vignes sur le
mépris qu'ils font du plant qui procure le
meilleur vin, ils vous diront : la trop faible

production du plant n'est pas compensée par
la mieux-value du vin; la quantité n'est pas
proportionnée avec la qualité; bon vin et
mauvais plant.

L'expérience démontre que le pinot, mis en
cordons, devient beaucoup plus productif; ce
moyen est donc une amélioration du vin et
non une détérioration. Cette culture peut
encore diminuer une fraude qui se fait journel-
lement. Le vin de pinot sans mélange est
extrêmement rare; mais on vend comme tel le
vin qui n'est que *pinoté*, c'est-à-dire provenant
de vignes dans lesquelles il y a du pinot et
autres plants.

Objection. La vigne qui produit beaucoup
donne un vin de faible qualité; donc il ne
faut pas chercher à rendre la vigne plus
productive.

Réponse. Il est vrai que l'excès de production est contraire à la qualité du vin; mais ce
serait une erreur de croire que le vin est
d'autant meilleur que la vigne en produit
moins. Il est certain que la quantité n'est nuisible à la qualité que lorsqu'il y a surabondance ou excès de production : jusque-là, la
quantité de fruits est indifférente à la qualité du

vin. Le défaut de production est une perte sans remède, tandis qu'on peut ôter l'excédent.

Objection. J'ai entendu des propriétaires de vignes se plaindre de l'abondance ; il est donc inutile d'augmenter cette abondance.

Réponse. On doit distinguer l'abondance générale de celle du particulier. L'abondance générale peut contrarier des spéculations et exciter le mécontentement; mais le particulier ne se plaint pas de ce que sa vigne produit plus que les voisines de même espèce.

Objection. Puisqu'il ne s'agit que de donner de la nourriture à la vigne, on doit la planter fort épaisse dans un terrain riche.

Réponse. Les sucs de la terre ne suffisent pas aux plantes pour les nourrir; l'air libre et la lumière leur sont indispensables. Si l'on compare les brins de chenevière venus isolément avec ceux qui ont peu d'espace, la grande différence qui se trouve provient de ce qu'ils n'ont pas joui également des bienfaits de la nature. Quand des plantes poussent dans une cave, la nature indique aux jeunes et pâles rameaux de se diriger vers le soupirail, pour être moins privés de l'air et de la lumière. En plantant épais, on nuit à la plante, à sa production, et à la qualité du fruit.

Objection. Souvent les plantes dépérissent quoiqu'on ne donne à la taille que deux ou trois yeux ; on doit donc blâmer les longues tailles conseillées dans le *Traité.*

Réponse. Les longues tailles ne sont pas conseillées pour les vignes épaisses, elles ne doivent être employées que dans les vignes en cordons et sur les plants isolés.

Objection. Puisque la nature agit toujours de même, c'est mal à propos que vous faites une différence entre les plants isolés et ceux rapprochés : le dépérissement doit être le même dans l'une et l'autre circonstance.

Réponse. Voyez deux plants qui ont été pris sur la même souche pour être placés, l'un dans une vigne épaisse, et l'autre isolément ; la différence est si grande que le premier est fatigué par une seule taille à deux yeux, tandis que l'autre, bien portant, garnit seul un vaste pignon.

L'incommodité des voisins, les maladies contagieuses causées par le provinage à bois perdu, l'épuisement des sucs nourriciers, la privation de l'air libre, etc.; voilà les causes ordinaires de l'appauvrissement des plants dans les vignes épaisses.

Objection. Le conseil de ne pas provigner est un conseil perfide, puisque c'est la seule manière de multiplier les plants, d'entretenir la vigne bien portante, et d'obtenir plus de fruits.

Réponse. Il y a deux manières de provigner: l'une à bois sevré, et l'autre à bois perdu. Le conseil de ne pas employer la dernière n'est pas perfide, puisqu'elle ne montre que l'apparence du bien, et qu'elle produit un mal réel. Pour compléter la réponse à cette objection, recourons à ce qui a été dit sur le provinage.

Objection. Pour avoir un très-bon vin, il est inutile de cultiver séparément un bon plant, il suffit d'en faire la récolte à part.

Réponse. La précaution que vous indiquez n'a pas tout l'avantage que vous lui supposez. On a plusieurs fois comparé le vin d'un plant trié, ou récolté séparément, avec celui de même espèce de plant provenant de vigne sans mélange, et toujours on a trouvé une grande différence en faveur de l'espèce cultivée séparément. L'infériorité provient de la fécondation donnée par les autres plants. Si, par exemple, un *pinot* est entouré de *troyens,* son fruit participe des deux. Cette cause est

plus connue des jardiniers fleuristes que des
vignerons.

Objection. Si le mauvais plant féconde le
bon, ce dernier féconde aussi le mauvais ; ce
qui établit une compensation.

Réponse. La compensation met le mal à côté
du bien ; ce qu'elle donne d'une main, elle le
reprend de l'autre. La compensation doit être
écartée toutes les fois qu'il n'y a pas nécessité
absolue de l'admettre. Ici, la compensation ne
doit pas être admise, puisque, dans les vignes
d'une bonne espèce unique, la fécondation
opère bien, sans mélange de mal.

Objection. Les anciens étaient dans une
grande erreur, en pensant que les plantes reçoivent toute leur nourriture des sucs de la
terre, et rien du dehors : on reconnaît aujourd'hui tout le contraire, c'est-à-dire que
les plantes sont nourries entièrement par l'atmosphère, et que la terre ne leur est utile que
pour les maintenir debout.

Réponse. Il est vrai qu'on a émis l'idée que
la terre ne participait point à la nourriture de
la plante ; mais dans ce système, qui est quelquefois mal compris, l'on suppose la terre
réduite en *caput mortuum* absolu, la terre à

laquelle on a enlevé toutes ses facultés. Si la
terre n'était utile aux plantes que pour les
maintenir debout, un tuteur pourrait remplacer les racines ; ce qu'il est impossible de
croire. L'auteur de la nature n'a pas donné
pour nourriture aux plantes, seulement la
terre, ou seulement l'atmosphère ; il a donné
les deux. Il est vrai que la portion de nourriture fournie par la terre n'est pas aussi grande
que les vignerons et les laboureurs le croient
ordinairement.

Objection. L'exposition solaire fait seule la
différence dans les vins de mêmes plants, et la
terre n'a point de part à cette différence.

Réponse. Si la terre n'avait point de part aux
différentes qualités du vin, il s'ensuivrait que
le même cépage, placé à la même exposition,
donnerait partout le même vin ; il s'ensuivrait
qu'il n'y aurait point de goût de terroir, puisque ce goût ne pourrait avoir pour cause la
portion de nourriture donnée par le terrain.
Ne sait-on pas que, dans le même pays, il y a
des contrées meilleures que d'autres, tant
pour la qualité du vin que pour sa garde, et
que ces contrées privilégiées ne sont pas toujours celles qui ont la meilleure exposition

solaire ? Dire que la terre n'a point de part à
la qualité du vin est une erreur,

Objection. Vous tombez dans la fausse
croyance des anciens sur le goût de terroir ;
ce goût mal qualifié n'a pas pour cause le terrain, mais bien le plant et la mauvaise mani-
pulation du vin.

Réponse. Lorsque les sucs qui servent de
nourriture à la plante ont un goût bon ou
mauvais, ce goût se retrouve dans le fruit ;
c'est une vérité qu'on ne peut nier. Je citerai
pour exemple la navette provenant d'un
champ fumé avec des matières fécales non
préparées ; l'huile de cette navette produit une
fumée qui infecte.

Si le sol de la vigne comporte beaucoup de
pierres-à-feu, l'eau et les autres sucs nourriciers s'imprègnent du goût de pierre-à-feu, et
le vin a ce goût de terroir, comme l'huile a le
goût de son amendement. Malgré la distillation
des sucs par l'action de la sève, leur goût se
retrouve dans le vin, comme, malgré l'action
de l'alambic, l'eau d'une plante en conserve
le goût.

Objection. C'est mal à propos que vous con-
seillez de ne mettre dans une contrée qu'une

espèce de plants ; on doit au contraire réunir toutes les espèces ; parce que, si les unes manquent , les autres produisent , et l'on recueille toujours.

Réponse. La partie ou unité de plants a en sa faveur le choix d'une bonne espèce , la quantité de fruits , la qualité du vin et sa durée.

Sur le choix. Vous avouerez sans doute que toutes les espèces ne sont pas également bonnes, et qu'il ne convient pas de planter ce qui est reconnu mauvais ; on ne doit pas se donner tant de peine, pour obtenir un vin qui n'est pas meilleur que la piquette faite avec un bon marc.

Sur la quantité. Dans le raisin , la fleur précéde le grain , et la mise en grains est le résultat de la fécondation donnée par la fleur. La fécondation entre plants non pareils se fait mal , elle abâtardit le fruit, et est le germe des maladies, notamment de la coulure. Il est constant que , loin que la réunion des espèces soit en faveur de la quantité , elle lui est contraire.

Sur la qualité et la durée du vin. Il est reconnu que chaque espèce donne un vin qui lui est particulier, et que tous les vins ne sont pas également bons. Dans le vin d'amalgame, le mauvais état des uns ainsi que leur courte durée entraînent les autres dans la déchéance.

Objection. L'unité de plants ne peut faire beaucoup de partisans, puisqu'il faudrait arracher les vignes en produit pour les replanter.

Réponse. Si la vigne n'est pas dépérissante au point d'être arrachée, on obtient l'unité de plants dit le rajeunissement de la vigne par le moyen de la greffe.

Objection. Si le jeune bois augmente la récolte, le vieux bois la donne meilleure : il faut donc opter pour la production du vieux bois.

Réponse. Votre option tombe sur une production idéale, puisque le vieux bois ne produit directement aucun fruit, et que le bois venu le dernier est le seul qui peut produire.

Si vous employez le mot *vieux bois* pour exprimer l'âge de la souche, le plant dure autant et même plus, dans la vigne en cordons, que dans les autres. Je conviens que les vieux plants donnent un meilleur vin que les jeunes, mais cette différence est commune à toutes les vignes.

Objection. Il ne convient pas de mettre la
vigne en cordons, parce que la gelée lui cause
un trop grand dommage.

Réponse. 1° La gelée peut attaquer les jeunes
pousses et le raisin ; 2° elle peut faire périr
toute la partie du plant qui est hors de terre;
3° elle peut faire périr le plant dans son entier.

Dans le premier cas, la gelée est, pour la
vigne épaisse, ce qu'elle est pour la vigne en
cordons.

Dans le second cas, les racines de la vigne
épaisse ne poussent rien , ou seulement de
faibles rejets que les plants voisins font mourir. Au contraire, les racines vigoureuses de
la vigne en cordons produisent de fortes
pousses qui rétablissent en peu de temps le
déficit.

Dans le troisième cas, il est vrai que la perte
d'une souche, dans la vigne en cordons, est
plus grande que celle d'un plant de la vigne
épaisse ; mais cette dernière perdra beaucoup
plus de plants que l'autre. Cette différence
vient de ce que l'exhaussement de la terre ,
en forme de taupinière autour de la souche ,
est un préservatif dont ne peut jouir la vigne
épaisse. Ce qui garantit encore la vigne en

cordons, ce sont les racines dont elle est pourvue bien autrement que la vigne touffue. On peut encore dire que, dans la vigne en cordons , les plants qui manquent sont plus aisément remplacés que dans la vigne épaisse.

Objection. Vous avez commis une erreur, en disant que les vignes, qui ont l'aspect du levant, sont moins exposées à la gelée que celles qui ne reçoivent le soleil qu'à dix heures ; je possède des vignes qui prouvent le contraire.

Réponse. La gelée est locale, et n'a pas le même degré d'intensité dans toutes les contrées du territoire d'une commune. Ici la gelée ne s'aperçoit pas sur l'eau ; là il y a des aiguillettes, et, à cent pas plus loin, la superficie de l'eau est en glace.

Quand j'ai parlé des aspects solaires, relativement à la gelée , j'ai posé une règle générale qui n'est pas détruite par l'exception que vous annoncez. Il est certain que , si le degré de gelée est le même pour deux pièces de vigne, celle au levant souffrira moins que l'autre. (Voyez les raisons déduites, pag. 90)

Objection. L'impôt sur le vin est injuste, il est vexatoire, il ne rapporte rien au gouvernement qui emploie des essaims de frelons auxquels il abandonne le pillage de la ruche.

Réponse. Le gouvernement ne peut se passer d'impôts, et l'on ne peut raisonnablement critiquer la portion assise sur le vin. C'est une erreur de croire que l'impôt sur le vin n'augmente pas le trésor public; c'est au contraire l'une des branches les plus productives. Si la loi sur cet impôt a besoin d'amélioration, espérons de la bonté du Roi, et de la sagesse des Chambres les modifications convenables.

Objection. Vous proposez au gouvernement l'établissement d'une vigne-modèle; ce serait un objet de dépenses sans intérêts pour lui. Si les propriétaires de vignes veulent courir après les améliorations, cela les regarde, et non le gouvernement.

Réponse. L'amélioration dans toutes les parties de l'agriculture a toujours été regardée par le gouvernement comme étant d'intérêt public; sa sollicitude à cet égard exclut l'idée de son manque d'intérêt.

Le gouvernement a pour ses opérations des facilités que ne peut avoir un individu; ce qui est facile au gouvernement est souvent impossible à un particulier. La publicité donnée à

une question d'intérêt public est un appel à
tous les Français ; chacun travaille la question, les réflexions en tous sens abondent, et
du choc des opinions sort la lumière.

Objection. La terre a besoin de repos pour
reproduire : aujourd'hui on l'épuïse en mettant des prairies artificielles dans les jachères.

Réponse. La question est relative aux terres
en culture et non à la vigne ; je vais néan-
moins y répondre.

Examinons comment agit la nature, et po-
sons quelques principes. La terre en état de
jachère n'est pas oisive, elle ne se repose pas,
elle porte une infinité de mauvaises herbes qui
se perpétuent par leurs semences, et font un
tort infini à la culture. Les engrais, qui sont
l'âme de la culture, sont en trop petite quantité : le cultivateur ne peut trop faire pour les
rendre plus abondants. Les plantes sont nourries des sucs de la terre et des fluides de l'atmosphère. La portion de nourriture provenant de la terre est d'environ deux cinquièmes, et celle fournie par l'atmosphère de
trois cinquièmes.

Il résulte de cet examen que, si le cultivateur, en semant son champ d'orge ou d'avoi-

19

ne, y sème aussi de la graine de trèfle pour ne
pas le laisser en jachère , il obtient plusieurs
avantages :

1°. Il récolte du fourrage dans un champ
qui ne lui aurait rien donné pendant un an ;

2°. Pour semer le blé qui doit suivre, le
cultivateur trouve dans le champ même un
engrais , qui est le regain de trèfle qu'il tourne
en terre. Si à cet engrais il ajoute celui provenant du fourrage recueilli, le champ est
amplement fumé. Par là il rend à la terre non-
seulement la dépense qu'elle a faite pour
nourrir la plante , il lui donne en surcroît le
contingent provenant de l'atmosphère. Ce
cultivateur franchit les bornes de son héri-
tage, il exploite dans la région supérieure, il
s'en attribue le produit , et personne ne crie
à l'usurpation ;

3°. La semence de blé, qui se répand sur
le regain de trèfle, ne demande qu'un coup
de labour, tandis que la jachère en aurait
exigé trois ou quatre ;

4°. Par le moyen de la plante-engrais, la
moisson est plus abondante, et le grain est
mieux nourri ;

5°. Le blé n'est pas chargé de zizanie ou

graines étrangères , parce que le jeune trèfle ne permet pas aux mauvaises herbes de croître , encore moins de répandre leurs semences.

Objection. On vantera le vin tant qu'il plaira , il sera toujours vrai de dire que le terrain occupé par les vignes est un vol fait à la culture du blé qui est de première nécessité, tandis que le vin n'est qu'une boisson de luxe.

Réponse. Le vin est une boisson nourrissante qui diminue la consommation du blé , et ordinairement les vignes sont situées sur des pentes de coteaux impropres à la culture du blé.

Ce n'est pas dans les terres en vignes qu'on doit chercher une plus ample récolte en blé, elle se trouvera plutôt dans l'augmentation des fourrages. Avec plus de fourrages, on aurait plus d'engrais, et il est parfaitement connu que le manque de récolte provient du manque d'engrais. On n'a pas besoin de recourir à des idées abstraites pour découvrir le mal : il gît dans le défaut de fourrages, ou ce qui est la même chose, dans le défaut d'engrais.

L'augmentation des récoltes se trouverait
surtout dans une loi qui modifierait la vaine
pâture, favoriserait les échanges, et arrêterait
le mal causé par le morcellement des pièces
fait sans nécessité. Alors la propriété aurait
plus d'attrait; le dessèchement, l'irrigation,
les prairies artificielles, les troupeaux, la
clôture, la plantation seraient des moyens
ordinaires d'amélioration, et l'agriculture
serait florissante.

RÉFLEXION

SUR LA CHAMPAGNE ET LA BOURGOGNE.

Ces deux contrées ont joui jusqu'à présent d'une grande réputation ; l'une par son vin blanc mousseux qui égaie, l'autre par son vin rouge qui fortifie. Le Bourgogne et le Champagne sont encore sur toutes les bonnes tables de l'Europe et au delà ; partout ils vont ensemble, partout ils sont en honneur. Chacun d'eux a toujours eu sa renommée particulière, et celle de l'un ne cherchait pas à empiéter sur celle de l'autre.

Aujourd'hui quelques propriétaires de vignes semblent s'être ligués pour troubler l'harmonie, et mettre la discorde entre ces deux vins. Ils font en Champagne le vin de Bourgogne, ils font en Bourgogne le vin de Champagne ; et ces bâtards, qui n'ont aucun type de la famille empruntée, sont mis dans le commerce.

Il n'est pas douteux que cette lutte, causée

par la jalousie qui ne sait pas réfléchir , por-
tera le plus grand préjudice à la réputation et à
l'intérêt de l'un et de l'autre vignoble, à moins
que , par une sage politique, les intéressés ne
mettent promptement fin à un combat qui
n'aurait pas dû commencer.

MANIÈRE DE FAIRE LE VIN.

Ce n'est pas assez d'exprimer le jus du raisin pour faire le vin ; sa qualité ne tient pas uniquement au fruit , elle tient encore essentiellement aux procédés qu'on emploie : *Est modus in rebus.*

Il y a, dans nos pays, beaucoup de cuves qui ont plus de diamètre dans le haut que dans le bas ; ou , ce qui est la même chose, ont une ouverture plus grande que le fond.

La fermentation se fait mieux dans une cuve dont le diamètre du bas est plus grand que celui du haut ; c'est donc à tort qu'on leur donne la forme contraire. La cuve, dont l'ouverture est moins grande que le fond, a encore un autre avantage , celui de rester bien cerclée ; tandis que dans l'autre forme les cercles tombent.

La vendange doit être bien foulée ou écrasée en la mettant dans la cuve. Pour cette opération qui se fait diversement, on peut suivre la manière ci-après. Non-seulement cette manière est commode ; mais ce qui sert au foulage doit encore être employé à une autre opération indispensable pour bien faire le vin.

On taille des planches d'une médiocre épaisseur, comme pour faire un fond de cuve. La moitié de ces planches se cloue sur trois barres ; l'autre moitié se cloue, à l'exception d'une planche, sur trois autres barres. La planche non clouée, qui est celle du milieu, se pose sur les bouts des barres qui excèdent un peu. Au lieu de joindre les planches qui composent chaque demi-cercle, on laisse un intervalle d'environ trois lignes entre chacune. Les deux pièces, ou deux demi-cercles, mises à côté l'une de l'autre, forment une espèce de table ronde.

Dans le pourtour intérieur de la cuve, à six pouces au-dessous du bord, on place quatre mentonnets, supports, ou tasseaux, qu'on fixe avec des vis à bois au lieu de clous. Ces mentonnets ont chacun cinq pouces de lon= gueur, trois pouces et demi de largeur, et deux pouces d'épaisseur. (Voyez fig. 3.) Sur ces mentonnets, on pose deux traverses ou petites solives. Ces solives sont parallèles entre elles, et espacées de la moitié du diamètre de la cuve. Les entailles des mentonnets sont tournées du côté étroit de la cuve, pour empêcher les solives d'échapper.

Les traverses étant posées sur les entailles des mentonnets, on place dessus les deux demi-cercles, pour former un plancher rond qui a l'étendue de la cuve moins quelques lignes.

On sent qu'il faut employer du bois qui ne peut donner un mauvais goût au vin, et que le tout doit être tenu proprement.

La vendange se verse sur le plancher à mesure qu'elle arrive, et un ouvrier la foule et l'écrase avec ses sabots. On fait tomber la partie foulée dans la cuve en levant la planche non clouée. Quand le foulage de la cuve est achevé, on ôte le plancher et les traverses.

Souvent le gonflement causé par la fermentation remplit trop la cuve, ce qui exige de la surveillance : c'est ce gonflement qui ne permet pas de déposer dans la cuve tout ce qu'elle pourrait d'abord contenir.

Pour que la fermentation soit simultanée et bonne, la cuve doit être remplie dans un court espace. Quand on met beaucoup de temps

20

à remplir la cuve, la fermentation se fait
mal.

Nous allons faire connaître les vices d'une
méthode fort répandue pour faire le vin.

Lorsque la vendange est dans la cuve, l'u-
sage ordinaire est de replonger les grappes
qui se sont élevées, et l'on renouvelle souvent
cette opération, jusqu'à ce que le vin soit
fait.

Cette pratique est très-contraire à la qualité
du vin. Les grappes étant élevées en forme
de chapeau au-dessus de la liqueur, l'air les
dessèche en s'emparant de la partie sucrée, et
les charge d'acide. Il est hors de doute que
chaque fois que l'on replonge le marc, l'on
fait passer l'acidité dans le vin, ainsi que le
goût des grappes. On ne pourrait mieux faire,
si l'on avait pour but d'enlever le principe de
la liqueur.

Après la critique de l'usage ordinaire,
voyons ce qu'il convient de faire pour éviter
les vices reprochés, et pour bien opérer.

L'effet cesse quand la cause est détruite,
c'est une maxime constante. Puisqu'il est reconnu que l'aigreur a pour cause le contact de
l'air avec les grappes, il est évident qu'il n'y

aura plus d'acide, si les grappes ne sont pas frappées par l'air. Pour empêcher l'acidité, le marc ne doit jamais se porter au-dessus du vin ; c'est le vin qui doit renfermer et couvrir le marc pendant tout le temps de la fermentation. Le marc se maintient dans la liqueur par un procédé qui est aussi simple qu'il est avantageux.

Nous avons dit que le plancher qui avait servi au foulage de la vendange devait encore être employé à un autre usage : nous allons en faire un couvercle pour comprimer les grappes, et les empêcher de se porter au-dessus de la liqueur.

Aussitôt que la vendange est foulée comme nous l'avons dit, et que la cuve renferme tout ce qui doit y être déposé, le couvercle se pose dans l'intérieur de la cuve. Ce couvercle touche la liqueur, ou y est enfoncé de quelques pouces seulement. On pose sur le couvercle deux barres ou traverses, dont les bouts se placent sous les quatre mentonnets qui ont servi à supporter le plancher du foulage.

Si le couvercle ne joignait pas assez contre les parois de la cuve, et laissait des ouvertu-

res par lesquelles une partie des grappes
pourrait passer et se porter au-dessus de la
liqueur, on les remplirait avec des brins de
balai neuf.

Par les dispositions qui viennent d'être indiquées, le couvercle est en état de résister
aux efforts que fait la fermentation pour
élever le marc, et le porter au-dessus de la
liqueur, où il s'aigrirait.

Si le couvercle ne touchait pas la liqueur,
l'air frapperait la grappe ; ce que l'on veut
éviter.

Lorsque la vendange a été bien pilée, chose
essentielle, et que le couvercle est placé pour
maintenir le marc dans la liqueur, on ne touche plus à la vendange tant qu'elle reste dans
la cuve. Il est inutile , même dangereux,
d'employer des moyens pour accélérer ou
augmenter la fermentation ; la nature doit
agir seule.

Le vin a beaucoup plus de liqueur et de
qualité quand le marc a été renfermé continuellement , que lorsque les grappes ont été
alternativement desséchées et replongées. Le
vin tiré de la cuve est aussi plus clair et moins
chargé de lie. Il est évident qu'en employant

des ouvriers pour replonger continuellement le marc , c'est non-seulement multiplier les travaux, et faire une dépense inutile; mais encore acheter une chose nuisible.

Les deux manières d'opérer ont été employées, par le même propriétaire aux dernières vendanges, avec des raisins de pareille qualité : cette expérience a confirmé qu'il fallait renfermer le marc dans la liqueur.

Égrappage.

Il y a des propriétaires qui font égrapper la vendange , c'est-à-dire détacher les grains des grappes pour les faire fermenter séparément. Le but de cette opération est d'empêcher que le vin soit atteint de l'aigreur que l'air donne aux rameaux des raisins.

On conçoit aisément qu'il est inutile d'égrapper , lorsqu'on emploie un couvercle pour maintenir les grappes dans la liqueur, puisque ces deux opérations produisent le même effet, celui d'empêcher le vin de prendre l'acide de la grappe.

De ce que ces deux opérations ont quelque chose de commun, l'on ne doit pas croire qu'elles sont également bonnes, et qu'il est indifférent d'employer l'une ou l'autre.

L'on ne doit pas égrapper, parce que l'opération est longue et dispendieuse ; que les pellicules qui surnagent sont frappées par l'air et donnent encore de l'acide ; et aussi parce que le vin qui reste dans les rameaux égrappés est d'une très-mauvaise qualité.

Il faut suivre l'autre manière d'opérer, celle de maintenir les grappes dans la liqueur, non-seulement parce que l'opération est plus simple et moins dispendieuse que celle d'égrapper, mais aussi parce que le marc comprimé dans la liqueur produit au pressoir un vin qui est encore plus délicat que la goutte. On appelle *Vin de goutte*, celui tiré de la cuve avant de mettre le marc sur le pressoir. Ce qui doit encore déterminer à ne pas égrapper, c'est que les grappes sont très-utiles à la fermentation et à la garde du vin, tandis que l'opération d'égrapper produit un vin qui tourne au gras, et file.

Après avoir démontré les avantages de renfermer le marc dans la liqueur au lieu de le replonger, et avoir fait connaître les vices de l'égrappage, nous allons nous occuper de la

fermentation et de l'air ou gaz qui cause quel=
quefois la mort à ceux qui foulent les cuves.

De la Fermentation.

La fermentation doit se faire dans une cuve
tellement close que l'air extérieur ne puisse y
pénétrer, et que le spiritueux et le parfum du
vin ne puissent en sortir.

Mais, dira-t-on, si l'on doit fermer l'entrée
à l'air extérieur, parce qu'il ferait perdre au
vin sa qualité, on est forcé de donner une
sortie au gaz acide carbonique que produit la
fermentation, puisque, sans cette sortie, la
violence du gaz ferait brèche à sa prison :
comment donner passage au gaz, et le refuser
à l'air extérieur ?

C'est à M. Casbois que nous sommes rede-
vables de l'ingénieux procédé qui remplit parfaitement cet objet. Ce procédé a été publié
en 1782, sous ce titre : *Soupape hydraulique
propre à faire fermenter le raisin dans des vaisseaux parfaitement clos.*

Le procédé publié par Mlle. Gervais est le
même au fond que celui de M. Casbois. La
même idée peut venir à plusieurs personnes;

et, quand on refuserait à cette demoiselle le mérite de l'invention, on ne peut lui refuser celui d'avoir reproduit cet excellent procédé qui n'avait pas été suffisamment apprécié du temps de son premier auteur.

On a un couvercle de planches bien jointes avec languettes, rainures et colle forte, lequel n'est pas en deux parties séparées, mais bien dans son entier. Dans ce couvercle, il y a deux trous : l'un au milieu de la barre, et l'autre pas loin du bord.

Pour bien renfermer le spiritueux et le parfum dans la cuve, on cloue un cercle dans l'intérieur de la cuve, à deux pouces plus bas que le bord, pour recevoir le couvercle ; et, étant posé, l'on fait un cordon de plâtre, ou autre bon mortier, autour du couvercle et des parois de la cuve.

La cuve n'est pas entièrement pleine ; on a laissé cinq ou six pouces de vide, pour le gonflement que doit causer la fermentation. On doit s'assurer si, par le gonflement, le vin ne touche pas le couvercle, et dans ce cas tirer jusqu'à ce que le vin soit à deux ou trois pouces plus bas.

La figure 4 représente un tuyau ou syphon

en fer blanc, qui a un pouce de diamètre, et
deux branches éloignées de cinq pouces. La
branche montante a seize pouces de hauteur,
et celle descendante a six pouces. Pour con-
solider la branche montante dans le trou
placé au milieu du couvercle, on prend du
chanvre que l'on contourne au bas de cette
branche, sans en boucher l'ouverture. Cette
branche ne doit pas descendre plus bas que
l'épaisseur de la barre et du couvercle. Sous
l'autre branche du syphon, l'on place un vase
d'eau, et cette branche y plonge d'environ
deux pouces.

Le trou qui n'est pas loin du bord du couvercle est pour recevoir momentanément la
douille d'un entonnoir. Dans ce trou l'on met
une cheville entourée de chanvre.

Observation.

Quand la fermentation est établie, l'eau
laisse au gaz carbonique un passage qu'elle
refuse à l'air extérieur, et le spiritueux du vin
est renfermé. Le gaz qui remplit le syphon ne
trouve pas dans l'eau un obstacle suffisant
pour l'empêcher de sortir, tandis que la même

21

eau empêche complètement l'introduction de l'air extérieur. L'eau dans laquelle plonge une branche du syphon remplit en même temps ces deux avantages.

Un auteur a pensé que *si l'on trouvait le moyen d'éviter l'explosion et la rupture, en faisant le vin dans une cuve parfaitement close, on aurait trouvé le complément de la vinification,* On vient de voir que ce moyen désiré est maintenant trouvé.

Ce procédé est non-seulement avantageux pour la qualité du vin, il l'est encore pour la quantité qui est d'un vingtième en sus, d'après plusieurs expériences : ce vingtième aurait été absorbé par l'évaporation.

La fermentation se fait plus lentement dans une cuve hermétiquement bouchée, que dans celle où l'air extérieur peut s'introduire.

En promenant une chandelle au-dessus et autour du couvercle, on saura, par le repos ou par l'agitation de la lumière, si le gaz est bien ou mal renfermé dans la cuve.

Inégalité de la Fermentation.

La fermentation de la vendange ne s'opère

pas également dans toutes les parties de la cuve, ce qui produit la différence qui se trouve entre les futailles remplies de vin de goutte de la même cuve.

Pour parvenir à la preuve que la fermentation n'est pas aussi forte dans la partie inférieure de la cuve que‘dans la partie supérieure, nous avons besoin de poser quelques notions, à l'aide desquelles la démonstration deviendra plus facile.

Il est reconnu que la fermentation est produite par trois causes réunies qui agissent ensemble : l'humidité, l'air et un principe de chaleur qu'on nomme *calorique*. La fermentation est un mouvement intestin qui change l'organisation des corps, et les dispose à des combinaisons nouvelles.

Le calorique est la partie échauffante ; il est répandu dans toute la liqueur que renferme la cuve ; il dilate ou augmente le volume de l'air renfermé dans la liqueur, ce qui rend la cuve plus pleine ; il cherche toujours à s'échapper en bulles d'air ; il s'échappe par le haut de la cuve, comme étant l'endroit qui lui présente moins de résistance ; c'est en s'échappant en bulles d'air, qu'il fait bouillonner le

vin qui occupe la partie supérieure de la cuve.
Quand l'air dilaté a porté la liqueur à son plus
grand gonflement, la liqueur baisse à mesure
que l'air dilaté s'en échappe.

Ces notions posées, voyons pourquoi la
cuve en fermentation n'est pas autant échauf-
fée dans la partie inférieure que dans celle
supérieure.

Supposons que le vin qui est dans la cuve a
cinquante pouces de profondeur, et admettons
seulement une bulle d'air dans chaque pouce
de la profondeur; nous avons cinquante bulles
d'air qui sont cinquante parties échauffantes.
Jusqu'ici tout est pareil, puisque chaque pouce
de la profondeur jouit séparément de sa partie
échauffante.

Poursuivons l'opération de la fermentation,
et rappelons-nous que le calorique, au lieu
de rester enseveli dans la liqueur, se porte en
bulles d'air à la surface, et y produit le bouil-
lonnement. C'est ce déplacement qui rompt
l'uniformité de chaleur. En effet la bulle d'air,
qui est placée au cinquantième pouce de profondeur, parcourt quarante-neuf pouces pour
se rendre à la superficie; sa voisine en parcourt quarante-huit, et ainsi de suite.

Il est maintenant facile d'expliquer pourquoi le vin qui est à la superficie est plus
échauffé que celui qui occupe le fond ; c'est
que l'un est échauffé par cinquante bulles,
tandis que l'autre ne reçoit la chaleur que
d'une seule bulle.

C'est d'après la même cause que l'eau,
chauffée dans une cafetière, est plus chaude
dans le haut que dans le bas.

Il y a des vérités qui ont peine à trouver
croyance, ou qui ne s'établissent que difficilement ; et peut-être que beaucoup de vignerons refuséront de croire que la fermentation
est moins forte au bas de la cuve que dans le
haut. C'est pour eux que nous allons ajouter
deux observations à la démonstration qui
précède.

1°. Celui qui foule une cuve, en fermentation, est d'abord supporté par les grappes, et
ensuite ses pieds posent sur le fond de la cuve.
Si alors il élève un pied dans la partie haute
de la liqueur, il éprouve deux sensations bien
contraires : il a chaud au pied élevé, et a
froid à l'autre. Ce fait peut être attesté par
tous ceux qui entrent dans des cuves pour les
fouler.

2°. Si l'on compare le vin qui est dans le haut de la cuve avec celui qui sort du bas, on reconnaîtra que celui du fond est plus froid, plus doux, moins coloré et moins dépouillé que celui du haut.

Toutes ces différences prouvent l'inégalité de la fermentation; car la fermentation échauffe, enlève le goût de douceur, colore et clarifie à mesure qu'elle devient plus grande.

Pour que la fermentation établie devienne plus uniforme dans chaque partie de la cuve, on peut tirer le vin du bas qui est moins échauffé, pour l'entonner dans le haut, où la chaleur est plus grande. Cette opération exige de la célérité, parce que l'air détériore le vin.

On objectera peut-être que, dans une usine, c'est l'eau du dessus qui sort la première sous la pale, et qu'il en est de même pour la cuve.

Cela est quelquefois vrai pour l'usine; c'est quand la pale dépense plus qu'elle ne reçoit. Cet excédent de dépense est pris dans la couche d'eau supérieure à l'ouverture, et quand cette couche est devenue trop faible, alors il se forme un entonnoir, et l'eau du haut et celle du bas sortent ensemble. Il en est autrement de la cuve, parce que la pression de la couche supérieure est plus que suffisante pour forcer la partie inférieure à faire seule la petite dépense de l'écoulement, et le vin du bas sort le premier, sans mélange de celui du dessus.

Parmi ceux qui font le vin, les uns veulent peu de fermentation dans la cuve, et les autres en veulent beaucoup. Tous craignent le mauvais effet que produit le chapeau des grappes, et pour l'éviter, ils n'agissent pas de même. Ceux qui veulent peu de fermentation replongent, deux ou trois fois seulement, le marc dans la liqueur; ils pressurent le troisième ou le quatrième jour de la vendange, et font le vin sur le tendre, c'est-à-dire peu cuvé. Ceux qui veulent beaucoup de fermentation dans la cuve replongent très-souvent, pressurent beaucoup plus tard que les premiers, et font le vin sur le dur. Ces deux manières de faire le vin ne sont bonnes ni l'une ni l'autre.

Puisque le mauvais effet du chapeau des grappes est la seule crainte, il est facile de réunir ces deux manières de voir en une seule. Empêchons la formation du chapeau des grappes, en comprimant le marc dans la liqueur, et nous serons tous d'accord que le vin doit rester dans la cuve tant que la fermentation est sensible.

Temps de Décuver.

Lorsque le marc a été comprimé dans la liqueur, on attend, pour tirer le vin de la cuve, que la fermentation soit terminée. Cette fermentation, qui dure plus ou moins, est de quinze à vingt jours.

Je prie ceux qui m'accuseraient de trop de lenteur, pour décuver, d'admettre une grande différence entre une cuve dont le marc comprimé ne reçoit point d'air, et une autre cuve dont le marc s'élève en forme de chapeau au-dessus du vin.

Quand le marc non renfermé dans la liqueur s'est élevé au-dessus du vin, le moment de tirer de la cuve est celui où, après la plus grande élévation du marc, il a un peu baissé. Alors on ne peut trop se hâter de décuver, parce que, le chapeau des grappes étant fort desséché, l'acide augmente considérablement. Cette augmentation d'acide est bien prouvée par la différence qui se trouve entre le vin de goutte et celui qui vient du pressoir.

Chaque manière d'opérer a son temps pour décuver, ce qui est facile à sentir. Quand le marc s'est élevé au-dessus du vin, c'est pour éviter l'acide qu'on se presse de décuver ; quand au contraire le marc est comprimé dans le vin, l'acide n'étant plus à craindre, on ne tire le vin de la cuve qu'après que la fermentation est terminée. On pourrait ne tirer le vin de la cuve qu'après l'hiver, mais cela ne serait pas prudent ; la moisissure est à craindre.

On sait que le marc doit être mis sur le pressoir aussitôt que le vin est tiré de la cuve, et que, si l'on retardait, le marc contracterait une aigreur extrêmement préjudiciable.

La plupart de ceux qui font le vin emploient le sens du goût pour connaître le moment de décuver ; c'est lorsque la saveur sucrée est remplacée par la saveur vineuse. Dès qu'on s'aperçoit, en goûtant le vin, d'une diminution marquée dans la saveur sucrée, et d'une augmentation dans la saveur vineuse, il est temps de tirer le vin de la cuve. Cette manière bonne en elle-même est souvent fau-

22

tive, parce que peu de personnes ont le goût assez fin pour saisir le moment convenable.

Le vin ne doit être mis que dans des futailles solides et exemptes de mauvais goût. On dit qu'un tonneau est en *bonne lie*, quand il contient ou a contenu du bon vin, ce qui est une disposition pour être rempli de nouveau. C'est sous ce rapport qu'un ivrogne, se traînant de rue en rue, ne cessait de bégayer qu'il était en bonne lie, pour exprimer qu'il venait de boire du bon vin, et que son ventre était disposé à en recevoir de l'autre. *Spumat plenis vindemia labris.* (Virg.)

Quand la fermentation a été bien faite dans la cuve, elle est peu sensible dans les tonnes. Beaucoup de vignerons font écumer le vin par la bonde, pour faire sortir, disent-ils, la malpropreté. Par ce mauvais procédé, ils font évaporer la partie la plus subtile, qui est la base des qualités du vin, et son principe conservateur.

Au lieu de faire écumer le vin, la fermentation doit s'achever dans l'intérieur de la tonne, sans qu'elle jette aucune partie dehors. On ne remplit pas la tonne entièrement à cause du gonflement produit par la fermentation, et l'on pose sur le trou de la bonde quelques feuilles de vigne et une pierre.

Un moyen facile, pour empêcher un tonneau de couler, est de pétrir de la râclure de craie avec du suif, et d'appliquer fortement cette pâte. Au lieu de craie, l'on peut employer la cendre du foyer.

Tant que le vin est en fermentation, il doit rester éloigné du vin vieux, parce que l'agitation de l'un produit l'effet de troubler l'autre. Le vin nouveau peut perdre le vin vieux, en rappelant dans ce dernier un ferment mal éteint. Cette communication de l'un à l'autre se fait par l'air chargé des principes de la fermentation.

Quand la fermentation est achevée, l'on remplit le tonneau et on le bondonne. Le linge qu'on met au bondon doit le contourner seulement, et non l'envelopper par dessous ; il donnerait un mauvais goût au vin, s'il le touchait.

Ouiller.

On doit souvent visiter les tonneaux, et ouiller, c'est-à-dire remplir. Une précaution

importante, pour la conservation du vin, est
de remplir les tonneaux une fois par quin-
zaine, ou au moins par mois. Sans cette précaution, l'air, qui occupe la partie non remplie par le vin, le gâte. L'espèce de peau qui
se forme sur le vin ne dispense pas de remplir ; ceux qui pensent le contraire sont dans
l'erreur. Plus la futaille est petite, plus l'air a
de prise proportionnellement sur le vin. L'air
a une si grande et si prompte influence sur le
vin, qu'un jour suffit pour rendre méconnais-
sable celui d'une bouteille non bouchée. Cette
funeste influence est encore plus grande si la
bouteille n'est pas entièrement pleine , parce
que, dans ce cas, l'air a plus de points de
contact avec le vin.

C'est la même cause qui agit et fait perdre
au vin sa qualité, quand on prend peu chaque
jour dans la futaille, et qu'elle reste trop long-
temps en perce. C'est pour obtenir l'acidité
que les vinaigriers ne remplissent qu'en partie
les tonnes mises en fabrication. En un mot,
on peut dire que l'air est la peste du vin.

Le déficit qui s'opère dans le tonneau provient de l'air ; il force la liqueur à traverser
le bois, et il s'empare du suintement. La bou-

teille perd très-peu, parce que l'air n'a qu'une
faible action sur le verre.

Je connais un village dont les habitants ne
savent pas qu'ils font du bon vin. Chaque
propriétaire fait peu de vin; tous commencent à le boire dès le lendemain de la vendange, et le produit de la récolte ne dure que
peu de mois. Deux pièces de ce vin, dont la
conservation provenait du hasard, ont prouvé
qu'il était excellent; mais seulement à la troisième ou quatrième année.

Soutirage.

Une erreur répandue dans quelques petits
vignobles est celle que le vin se conserve
mieux sur sa lie qu'en le soutirant. L'habitude
a tant de force qu'on ne trouverait pas à acheter du vin, aux offres de le payer plus que le
cours, si l'acheteur imposait au vendeur la
condition de le soutirer. Le vendeur renon-
cerait au bénéfice pour ne pas faire une innovation qui lui attirerait le blâme des autres
propriétaires de vin. Un usage établi ne leur
permet plus de raisonner, ils ne peuvent quit-
ter d'un pas le chemin battu. C'est de là qu'est

venue cette fausse croyance que le vin doit
rester sur sa lie, on pourrait dire, croupir sur
ses immondices, puisque la lie n'est autre
chose que la portion impure du vin.

On soutire le vin toutes les fois qu'il en a
besoin ; mais plus convenablement dans les
belles journées du mois de mars, avant la sève
de la vigne. Quand le vin n'est pas soutiré, il
arrive souvent que la lie se répand dans
le vin, le trouble et le gâte d'une manière à
n'être plus propre qu'à faire du vinaigre.

Si le vin à soutirer est huileux et file, il
suffit de remplir l'entonnoir de paille pressée,
pour le dégraisser.

La plupart de ceux qui mettent le vin en
perce ignorent une précaution qu'il est utile
de prendre. Ils sont étonnés du bruit et de
l'agitation qui se fait dans le tonneau, au
moment qu'ils appliquent la canelle.

Cela provient du déplacement de l'air contenu dans la canelle. Le vin chasse l'air pour
prendre sa place, et l'air étant plus léger que
le vin, il l'agite, en le traversant, pour se
porter au-dessus. Rien de plus facile que
d'empêcher cette agitation qui trouble le vin:
on entr'ouvre le robinet avant de poser la
canelle, et le liquide chasse l'air au dehors.

Mécher.

On mèche le vin pour le conserver plus long-temps. La mèche est un morceau de toile de deux pouces au carré trempé dans du soufre fondu. Pour mécher un tonneau vide, et le disposer à recevoir le vin qu'on veut transvaser, on fait brûler la mèche dans le tonneau où elle a été introduite par la bonde. Afin de s'assurer si la mèche continue à brûler, on la suspend à un bois fendu, ou à un crochet de fil de fer ; ce qui donne la faculté de la retirer. Si la futaille à mécher est remplie, on tire du vin par un fausset, et tandis que la mèche brûle sur la bonde ouverte, le vin qui sort attire la fumée de la mèche dans l'intérieur du tonneau.

L'air soufré qui est dans le tonneau comporte une espèce d'huile de soufre qui repousse l'air ordinaire, et lui laisse moins de prise sur le vin.

La meilleure partie du vin occupe le milieu de la tonne. Il y a une espèce de pompe avec laquelle on prend le vin dans telle partie du tonneau qu'on désire. Cette pompe, ou plutôt cet instrument, est un tube en fer-blanc d'un demi-pouce de diamètre, ayant en longueur un peu plus que la profondeur du tonneau. Dans ce tube on passe un fil de fer au bas duquel un liége est arrêté.

Avant de descendre le tube dans le tonneau, vous tirez le fil de fer pour fermer le bas du tube. Quand le tube est au point où vous voulez prendre le vin, vous l'ouvrez en pressant un peu le fil de fer, et, lorsque vous voulez retirer le tube, vous le fermez. Avec cet instrument, on peut enlever une grande partie de la lie, sans transvaser le vin.

La méthode que j'indique pour faire le vin consiste, comme on l'a vu, en quatre choses principales. La première de bien fouler la vendange en la mettant dans la cuve; la seconde de contenir les grappes dans la liqueur avec un couvercle; la troisième de fermer la cuve hermétiquement avec un autre couvercle; et la quatrième d'employer le syphon.

Puisqu'il est généralement reconnu que l'air s'empare d'une manière étonnante des qualités du vin, il est par là démontré qu'il doit être fait dans des vaisseaux parfaitement clos pour lui conserver sa force, sa liqueur, son arome et les principes de sa garde.

Il paraîtra peut-être, à ceux qui tiennent à l'ancien usage, que la manière que j'indique exige une augmentation de besogne, dont le mode ordinaire les dispense. Il est facile de voir le contraire par une seule observation : on doit convenir qu'il y a plus de travail à fouler fréquemment la cuve, qu'à poser deux couvercles et un syphon. Au surplus lorsqu'il en serait autrement, le choix doit être en faveur de la meilleure méthode.

Les grands avantages qui résultent de cette manière de faire le vin ne peuvent manquer de la faire adopter ; et ceux qui voudront comparer les résultats des différents modes n'auront pas à regretter de s'être dégagés des liens de la routine.

Je désire que mes observations puissent être utiles aux propriétaires de vignes, et à ceux qui sont chargés de la culture de cette plante bienfaisante. Je leur offre l'emploi du temps que j'ai cru pouvoir prendre sur celui de mes occupations ordinaires.

FIN.

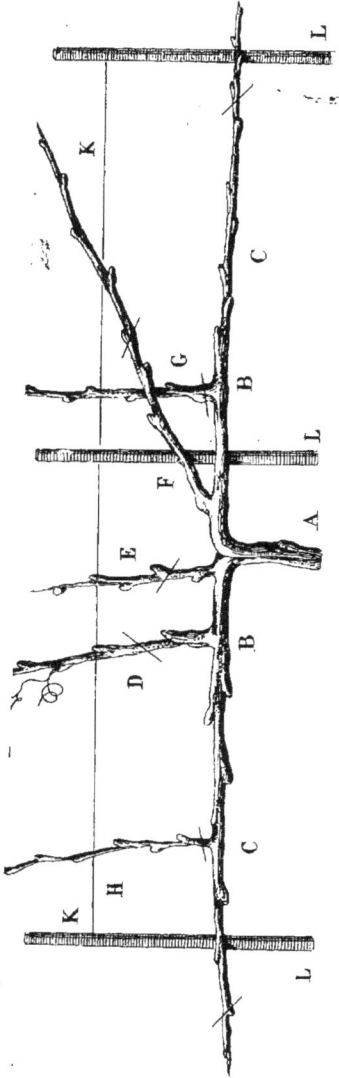

Fig. 2.

A Sonde
B Mère-Branche
C Allonge
D Souchet
E Gourmand
F Remplaçant
G Souchet à supprimer
H Arrière-pousse
I Vrille
K Fil-de-Fer
L Peaux

Fig. 4.

Fig. 5.

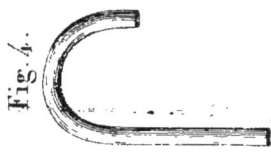

TABLE.

(*a*) Après ces mots : *S'en éloigne le plus qu'il peut,* pag. 79, ajouter et lire le premier alinéa, pag. 136, pour remplacer quelques lignes omises.

(187)

FIN DE LA TABLE.

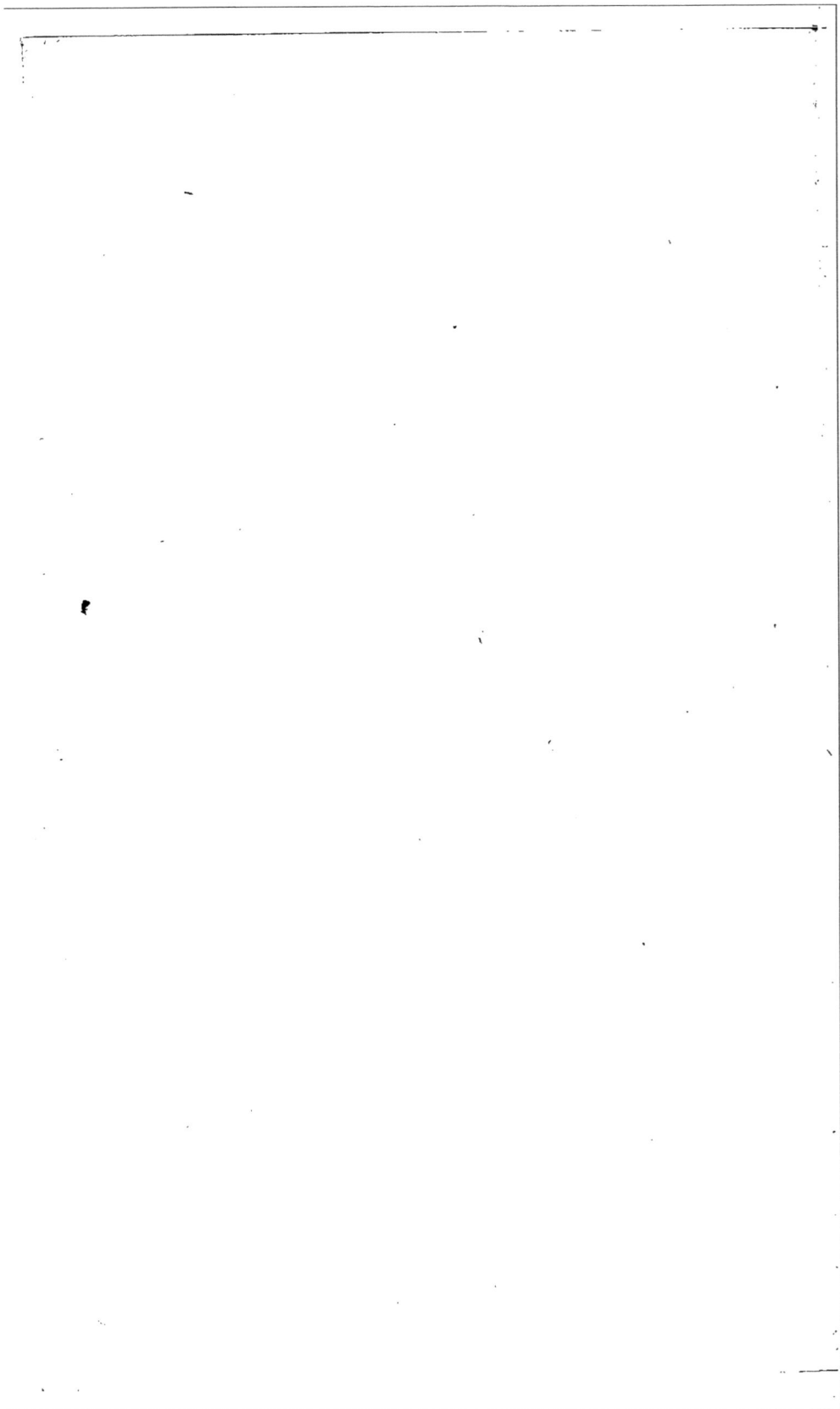

ADDITIONS ET CORRECTIONS.

Pag. 33, ligne 4, phrases, *lisez* phases.
Pag. 54, ligne 2, chancreux, *lisez* chanvreux.
Pag. 79, ligne 20, après les mots : le plus qu'il peut, *ajoutez* c'est dans l'examen et la combinaison de ces marches de la nature que j'ai trouvé la cause d'un plus grand produit dans la vigne en cordons, que dans la vigne verticale. Cette différence vient de ce que la taille de la vigne droite, qui tend toujours à la rabaisser près de la terre, ne laisse que les boutons stériles, tandis que la taille de la vigne horizontale conserve les boutons éloignés ou abondants.

Pag. 144, ligne 5, partie, *lisez* parité.
Pag. 145, ligne 11, dit, *lisez* et.

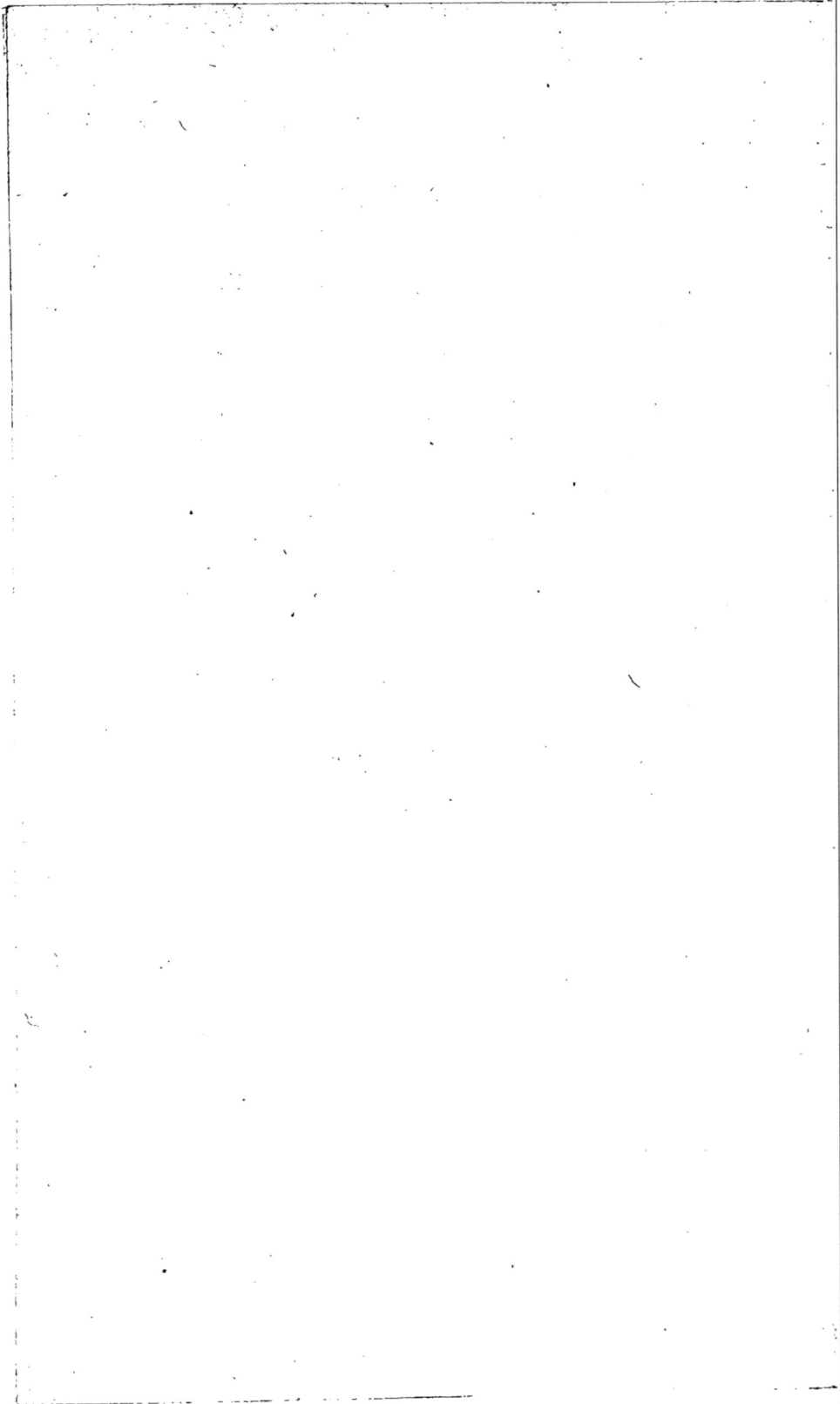

www.ingramcontent.com/pod-product-compliance
Lightning Source LLC
Chambersburg PA
CBHW060556210326
41519CB00014B/3488